Chenxi Zhao

Um estudo sobre o amplificador de potência CMOS para comunicação sem fios

Chenxi Zhao

Um estudo sobre o amplificador de potência CMOS para comunicação sem fios

ScienciaScripts

Imprint

Cover image: www.ingimage.com

This book is a translation from the original published under ISBN 978-3-659-83309-0.

Publisher:
Sciencia Scripts
is a trademark of
Dodo Books Indian Ocean Ltd. and OmniScriptum S.R.L publishing group

120 High Road, East Finchley, London, N2 9ED, United Kingdom
Str. Armeneasca 28/1, office 1, Chisinau MD-2012, Republic of Moldova, Europe
Printed at: see last page
ISBN: 978-620-8-28452-7

ÍNDICE DE CONTEÚDOS

RESUMO

À medida que a moderna tecnologia de comunicação sem fios evolui, os amplificadores de potência (PAs) de RF tornam-se um tema quente, porque são o componente-chave dos sistemas de comunicação móvel sem fios e a qualidade da comunicação depende fortemente do desempenho dos PAs de RF. Os sistemas de comunicação sem fios modernos, como o CDMA2000, o WCDMA, o OFDM, etc., destinam-se a maximizar a velocidade de transmissão de dados num ambiente em rápida evolução. Os sinais modulados destes sistemas requerem uma boa linearidade e eficiência, ao mesmo tempo que os sinais têm um elevado rácio entre o pico e a potência média. Assim, a linearidade e a eficiência são duas das caraterísticas mais importantes dos PAs para aplicações sem fios.

Recentemente, um número crescente de componentes de RF está a ser integrado utilizando o processo CMOS para satisfazer os requisitos de baixo custo e pequenas dimensões nos mercados de consumo sem fios. No entanto, o amplificador de potência CMOS é difícil de projetar devido à baixa tensão de rutura, ao substrato condutor de Si e à falta de ligação à terra. Tudo isto torna a conceção de um PA totalmente integrado extremamente difícil. Este livro centra-se no aumento da eficiência e nas técnicas de linearização para o projeto de amplificadores de potência CMOS.

Em primeiro lugar, são introduzidas as questões e abordagens básicas de conceção de PA CMOS em massa, tais como a otimização dos parâmetros da célula de potência, a disposição da célula de potência, a análise do transformador, etc. Por fim, são apresentadas algumas soluções para células de potência em massa e estruturas de transformadores.

Em segundo lugar, é estudado o método de conceção do PA CMOS Doherty baseado num transformador de combinação em série. Este PA Doherty utiliza um transformador de combinação em série para combinar a tensão de saída e realizar a modulação de carga, o que é diferente dos amplificadores Doherty de combinação de corrente convencionais. O protótipo tem uma eficiência de potência adicionada (PAE) de 31,6 % a uma potência de saída máxima de 28,6 dBm a partir de uma tensão de alimentação de 3,4 V. A PAE a 6 dB de back-off é ainda elevada, cerca de 25 %. Mostra claramente o aumento da eficiência no ponto de recuo de potência devido à operação Doherty. Esta é a primeira utilização de técnicas de combinação de tensão no projeto de PA Doherty CMOS.

Por fim, o processo CMOS Silicon-on-Insulator (SOI) é descrito e um PA classe F é projetado para aplicação em banda alta GSM usando o processo SOI de 0,*13-^m*. São discutidas considerações de design, layout e modelagem parasitária para obter uma operação de PA de alta eficiência. Os resultados da simulação mostram uma boa eficiência e linearidade.

Capítulo 1

Introdução

De uma forma análoga à lei de Moore para os circuitos integrados digitais, espera-se que se possa reduzir significativamente o custo e o fator de forma dos produtos de comunicação através da integração progressiva do sistema RF/analógico. No entanto, a parte RF de muitos sistemas de comunicação avançados continua a ser uma mistura de componentes baseados em diferentes tecnologias e requisitos de interface. Esta mistura de componentes impede a integração progressiva no sentido de um verdadeiro rádio de pastilha única. Alimentados pela recente explosão da Internet sem fios, os mercados de comunicações de banda larga em rápido crescimento estão a impulsionar o desenvolvimento de sistemas RF fiáveis, de elevado desempenho e económicos numa pastilha (ou seja, RF-SoC) e de dispositivos com baixa dissipação de energia.

Um sistema RF numa pastilha significa que os circuitos RF/analógicos/digitais estão todos integrados com blocos de memória e microprocessadores/DSP como um sistema de comunicação digital complexo numa pastilha única. A principal vantagem de um RF-SoC de circuito integrado é que o componente é menos suscetível à captação de ruído externo, ocupa menos espaço, é mais simples de montar e, a longo prazo, é provável que o custo do sistema seja mais baixo.

Tabela 1.1 Escala CMOS prevista pelo ITRS [1]

Year of production	2010	2013	2016	2019	2022
Technology node [nm]	45	32	22	16	11
Thin oxide device					
- Nominal VDD [V]	1.0	1.0	0.8	0.8	0.7
- t_{ox} [nm]	1.5	1.2	1.1	1.0	0.8
- Peak f_T (GHz)	280	400	550	730	870
- Peak f_{max} (GHz)	340	510	710	960	1160
- Ids ($\mu A/\mu m$):min L	8	6	4	3	2
- Nominal VDD [V]	1.8	1.8	1.8	1.5	1.5
Thick oxide device					
- Nominal VDD [V]	1.8	1.8	1.8	1.5	1.5
- t_{ox} [nm]	3	3	3	2.6	2.6
- Peak f_T (GHz)	50	50	50	70	70
- Peak f_{max} (GHz)	90	90	90	120	120
Passives: Power Amplifier					
- Inductor Q (1 GHz, 5 nH)	14	18	18	18	18
- Capacitor Q (1 GHz, 10 pF)	>100	>100	>100	>100	>100
- RF cap. density	5	7	10	10	12

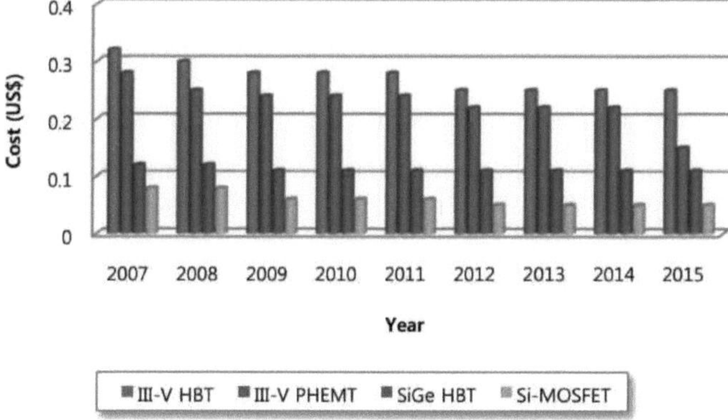

Figura 1.1 Vantagens de custo das tecnologias CMOS em relação a outras tecnologias de semicondutores para soluções de PA em US$/mm2.

O CMOS RF é uma boa escolha para SOC. Alargou o limite de alta frequência da tecnologia baseada em Si com frequências de corte f_T , conforme resumido na Tabela 1.1, bem acima de 300 GHz - uma gama de frequências que tem sido historicamente dominada por dispositivos baseados em GaAs. Além disso, o CMOS RF tornou-se uma opção viável e de baixo custo para a implementação de produtos RFIC altamente integrados, como se mostra na Fig. 1.1, especialmente para aplicações abaixo dos 5 GHz. As tecnologias de processamento RF CMOS estão a ajudar não só a tornar estes produtos acessíveis, mas também a proporcionar um bom desempenho.

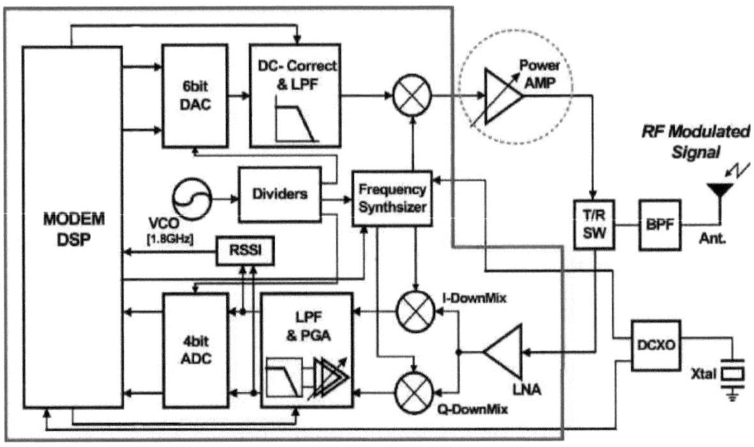

Figura 1.2 Os blocos do transcetor de RF.

Os blocos do transcetor de RF estão representados na Fig. 1.2. Com o avanço da tecnologia CMOS, a maior parte dos blocos de RF de pequenos sinais e dos processadores de banda de base são implementados com êxito no processo CMOS de RF e são destacados na Fig. 1.2. Prevê-se que outros blocos, como o filtro, os osciladores de cristal compensados digitalmente (DCXO) e o comutador T/R sejam substituídos por outros processos CMOS não normalizados num futuro próximo, como o processo SOI CMOS. No entanto, a integração total do amplificador de potência CMOS continua a ser um desafio de conceção porque, tal como descrito mais adiante nesta secção, a tecnologia CMOS tem limitações especialmente graves nas implementações de PA.

1.1 História e mercado do PA CMOS

Os PAs são um dos componentes de RF mais difíceis de serem integrados no chip para produtos RF-SoC.

Algumas normas celulares mais antigas utilizavam uma técnica de modulação de envelope constante que permite a utilização de PAs não lineares para uma maior eficiência. Mais recentemente, os padrões 3G, como o UMTS, empregam modulação QPSK para melhor eficiência espetral, mas resultando em variações de envelope que exigem um PA linear. A maximização da eficiência de um PA com elevada potência e linearidade, em simultâneo com a robustez, é um grande desafio, especialmente se também for necessário integrar o PA na pastilha utilizando o processo CMOS, devido à sua baixa tensão de rutura, ao substrato de Si condutor e à ausência de via de terra. É frequentemente fabricado no processo de silício germânio (SiGe) e arsenieto de gálio (GaAs). No entanto, recentemente, cada vez mais PAs são projectados com sucesso no processo CMOS e tendem a oferecer soluções para chips SOC.

Os PA CMOS são objeto de um estudo intensivo e tornaram-se recentemente um domínio de investigação importante. Uma tendência clara é a queda da potência com a frequência, com potências de pico acima de 3 W a 1 GHz e caindo significativamente abaixo de 100 mW a 60 GHz. A variação na eficiência é explicada pelas opções de processo (por exemplo, empilhamento de metal ou tensão de alimentação), projectos totalmente integrados versus projectos que incorporam elementos passivos externos e PAs de comutação lineares versus não lineares. Tal como a tendência da potência, a eficiência diminui com a frequência, principalmente devido ao ganho limitado disponível nos transístores a frequências mais elevadas (funcionamento mais próximo dos limites de atividade) e à necessidade de utilizar dispositivos de menor dimensão para limitar a capacitância.

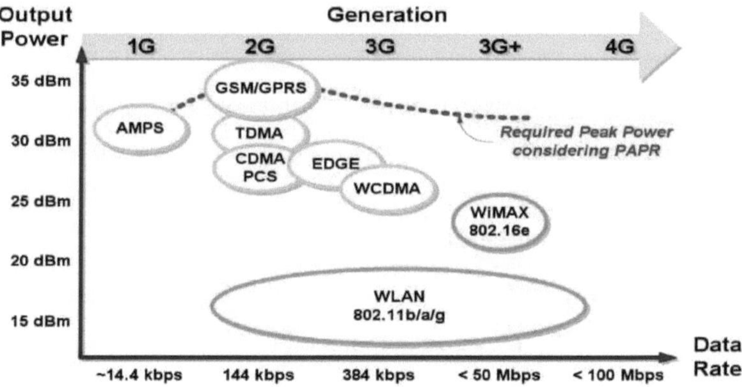

Figura 1.3 Comunicação sem fios e potência necessária.

O Dr. Tsai desenvolveu um PA CMOS baseado em transformador fora do chip no processo de *0,35-jUm* em 1999 [2]. Utilizou fios de ligação de *alta* densidade como indutores para a rede de correspondência e um balun de microfita na placa para conversão de diferencial para single-ended na saída. O PA podia transmitir 1 W de potência a 2 GHz com 41% de eficiência de potência adicionada (PAE) usando uma alimentação de 2 V. Desde então, houve algumas publicações sobre PAs de RF CMOS [3-7]. Todos eles dependem de componentes fora do chip, tais como fios de ligação, indutores fora do chip, condensadores fora do chip para implementar uma rede de transformação de impedância de baixa perda e transístores de óxido de porta espessa para evitar sobrecarregar os dispositivos. Com o aumento contínuo da tensão de alimentação, a geração de maior potência de saída na tecnologia CMOS tornou-se ainda mais difícil. Várias técnicas foram publicadas na literatura, como o transformador ativo distribuído (DAT) proposto pelo Dr. Aoki em 2002, que foi introduzido para aumentar a tensão de saída de um PA CMOS usando um transformador no chip e realizou um PA CMOS totalmente integrado [8-11]. A utilização de múltiplas subportadoras aumenta o rácio pico/árgula (PAR) do sinal, impondo requisitos rigorosos de linearidade ao PA. Muitas pesquisas têm se concentrado em melhorar a eficiência e a potência de saída de PAs lineares usando a combinação de transformadores [7,13,14]. O Dr. Kang é o pioneiro na conceção do PA CMOS linear, tendo implementado o primeiro PA CMOS linear qualificado totalmente integrado em 2005 [3,4,17].

Depois de o Dr. Aoki ter fornecido excelentes soluções de PA CMOS utilizando circuitos baseados em transformadores, os produtos PA CMOS tornaram-se um artigo comercializável procurado por muitas indústrias. Em 2008, a Intel apresentou um transcetor CMOS MIMO multibanda com um frontend integrado em CMOS de 90 nm para aplicações WLAN 802.11a/g/n que integra os LNAs e PAs (e as suas redes correspondentes) num esquema para protocolos 802.11a/g/n [18]. Segundo o relatório da Javelin, os seus PA CMOS foram concebidos para satisfazer os requisitos de potência de saída, linearidade e baixo ruído das normas UMTS 3GPP, consumindo simultaneamente uma corrente muito baixa. Os projectistas da Javelin também demonstraram que o PA CMOS pode satisfazer os requisitos de potência do 4G LTE. Além disso, pode fornecer rastreamento de envelope semelhante ao PA GaAs. A Axiom utiliza a tecnologia de processo CMOS de silício de 0,13um para integrar todas as funções entre a saída do transmissor e o comutador de transmissão/receção. As fases de ganho de potência, os circuitos de controlo de pequenos sinais e a correspondência de 50 *Q* são todos realizados numa única matriz [19]. A Qualcomm também introduziu uma família de CI de radiofrequência CMOS, a RF360, para utilização em telemóveis que inclui amplificadores de potência CMOS multimodo e multibanda capazes de transmitir sinais LTE, bem como 3G e GGE em 2013

[20]. No futuro, os PA CMOS lineares de alta potência receberão mais atenção com o avanço das tecnologias CMOS. Os seus méritos serão encontrados no custo e na capacidade de integração.

1.2 Motivação

Apesar de as aplicações dos PA CMOS terem um futuro promissor, há ainda muitos desafios de conceção que devem ser ultrapassados antes de os verdadeiros PA CMOS aparecerem no mercado. A obtenção de uma elevada eficiência em CMOS é impedida pela baixa tensão de rutura da tecnologia, pela baixa condução de corrente e pelo substrato com perdas [21]. Além disso, a eficiência máxima é normalmente alcançada quando o amplificador está a funcionar à potência máxima, o que normalmente representa apenas uma pequena parte do tempo no funcionamento normal do transcetor. Para além dos requisitos de eficiência e potência de saída, a linearidade em algumas técnicas de modulação é um problema importante. Há duas abordagens para satisfazer os requisitos de linearidade dos amplificadores de potência: ou se emprega uma classe de funcionamento linear como fase de saída, ou se começa com um amplificador não linear de alta eficiência e se aplicam técnicas de linearização. As técnicas de linearização são normalmente utilizadas em sistemas de RF e micro-ondas complexos e dispendiosos, mas ainda não encontraram o seu lugar em terminais portáteis de baixo custo em grande escala.

Por conseguinte, este livro explora os desafios fundamentais da realização de PA CMOS e desenvolve técnicas de circuito adequadas para ultrapassar eficazmente esses desafios.

Bibliografia

[1] Roteiro Tecnológico Internacional para os Semicondutores (ITRS), "Radio Frequency and Analog/Mixed-Signal Technologies for Wireless Communications", http://www.itrs.net/., acedido em maio de 2009.

[2] K.C. Tsai, e P R. Gray, "A 1.9-GHz, 1-W CMOS Class-E Power Amplifier for Wireless Communications," *IEEE J. Solid-State Circuits,* vol. 34, no. 7, pp. 962-970, julho. 1999.

[3] K.C. Tsai e P. R. Gray, "Um amplificador de potência de classe E de 0,9 W com comutação de porta comum com 41% de PAE em CMOS de 0,25 *pm*", *em Symp. Circuitos VLSI Dig. Tech. Paperss.,* junho.

2000, pp. 56-57.

[4] P. Asbeck, e C. Fallesen, "A 29 dBm 1.9 GHz class B power amplier in a digital CMOS process," *in Proc. ICECS,* 2000, vol. 1, pp. 17-20.

[5] T. C. Kuo e B. Lusignan, "Um amplificador de potência RF classe F de 1,5 W em tecnologia CMOS de 0,2 *pm", em ISSCC Dig. Tech. Papers.,* 2001, pp. 154-155.

[6] A. Shirvani, D. K. Su e B. Wooley, "A CMOS RF power amplier with parallel amplication for efcient power control," *in ISSCC Dig. Tech. Papers,*

2001, pp. 156-157.

[7] C. Fallesen, e P Asbeck, "A 1 W 0.35 m CMOS power amplier for GSM- 1800 with 45% PAE," *in ISSCCDig. Tech. Papers.,* 2001, pp. 158-159.

[8] I. Aoki, S. Kee, R. Magoon, R. Aparicio, F Bohn, J. Zachan, G. Hatcher, D. Mc-Clymont e A. Hajimiri, "A fully-integrated quad-band GSM/GPRS CMOS power amplifier," *IEEE J. Solid-State Circuits,* vol. 43, no. 12, pp. 2747-2758, Dez. 2008.

[9] I. Aoki, S. D. Kee, D. B. Rutledge, e A. Hajimiri, "Distributed active transformer-a new power-combining and impedance-transformation technique," *IEEE Trans. Microwave Theory Tech.,* vol. 50, no. 1, pp. 316-331, Jan.

2 002.

[10] S. Jeon, A, S. ARez e D. B. Rutledge, "Global Stability Analysis and Stabilization of a Class-E/F Amplifier With a Distributed Active Transformer", *IEEE Trans. Microwave Theory Tech.,* vol. 53, no. 12, pp. 3712-3723, Dez. 2005.

[11] S. Kim, K. Lee, H. Kim J. Lee, B. Kim, S. D. Kee, I. Aoki, e D. B. Rutledge, "An optimized design of distributed active-transformer," *IEEE Trans.*

Microwave Theory Tech, vol. 53, no. 1, pp. 380-388, Jan. 2005.

[12] G. Liu, T.-J. King e A. M. Niknejad, "A 1.2 V, 2.4 GHz fully integrated linear CMOS power amplier with efciency enhancement," *in Proc. CICC,.,* Set. 2006, pp. 141-144.

[13] P Haldi, G. Liu e A. M. Niknejad, "Combinador de potência de transformador compatível com CMOS",

Electron. Lett., vol. 42, no. 19, pp. 1091-1092, Sep. 2006.

[14] P. Haldi, D. Chowdhury, P. Reynaert, G. Liu e A. M. Niknejad, "A 5.8 GHz 1 V linear power amplier using a novel on-chip transformer power combiner in standard 90 nm CMOS," *IEEE J. Solid-State Circuits,* vol. 43, no. 5, pp. 10541063, May. 2008.

[15] J. Kang, J. Yoon, K. Min, D. Yu, J. Nam, Y. Yang e B. Kim, "A highly linear and efficient differential CMOS power amplifier with harmonic control," *IEEE J. Solid-State Circuits,* vol. 41, no. 6, pp. 1314-1332, June. 2006.

[16] J. Kang, A. Hajimiri e B. Kim, "Um amplificador de potência CMOS linear de chip único para WLAN de 2,4 GHz", *em IEEE ISSCC Dig. Tech. Papers,* Fev. 2006, pp. 208209

[17] J. Kang, D. Yu, Y. Yang e B. Kim, "Amplificador de potência CMOS altamente linear de 0,18 ^ *m* com estrutura n-Well profunda", *IEEE J. Solid-State Circuits,* vol. 41, no. 5, pp. 1073-1080, May. 2006.

[18] O. Degani, M. Ruberto, E. Cohen, Y. Eilat, B. Jann, F. Cossoy, N. Telzhensky, T. Maimon, G. Normatov, R. Banin, O. Ashkenazi, A. Ben, S. Zaguri, G. Hara, M. Zajac, E. Shaviv, S. Wail, A. Fridman, R. Lin, e S. Gross, "A 1x2 MIMO Multi-Band CMOS Transceiver with an Integrated Front-End in 90nm CMOS for 802.11a/g/n WLAN Applications," *in IEEEISSCC Dig. Tech. Papers,* Fev. 2008, pp. 356-619

[19] I. Aoki, S. Kee, R. Magoon, R. Aparicio, F. Bohn, J. Zachan, G. Hatcher, D. McClymont e A. Hajimiri, "A Fully Integrated Quad-Band GSM/GPRS CMOS Power Amplifier", *em IEEE ISSCC Dig. Tech. Papers,* fevereiro de 2008, pp. 570-636

[20] P. Carson e S. Brown, "Less is More: The New Mobile RF Front-End", *Microwave Journal,* junho. 2013

[21] M. Mostafa Hella, e Mohammed Ismail, "RF CMOS Power Amplifiers: Theory, Design and Implementation", *Springer US,* 2002

Capítulo 2

Questões de conceção de amplificadores CMOS de potência

2.1 Introdução

De um modo geral, o comprimento da porta do transístor está a ser reduzido com o desenvolvimento da tecnologia. Isto proporciona uma velocidade elevada, mas reduz a tensão de rutura, o que afecta significativamente as caraterísticas dos PAs [5]. A baixa tensão de rutura limita as oscilações de tensão dos transístores de potência e degrada a potência de saída dos PAs. Assim, a estrutura em cascode é frequentemente utilizada para obter grandes oscilações de tensão com boa fiabilidade. Em segundo lugar, para obter uma potência de saída elevada, a resistência óptima (R_{opt}) dos PA CMOS é muito pequena, e esta impedância conduz a uma grande perda quando é igualada a 50 Q e limita a largura de banda. Portanto, é necessário ter uma função adicional, ou seja, combinador de potência para combinar várias células de potência unitárias para gerar uma potência de saída necessária [2]. E o processo CMOS de RF padrão não possui uma via de terra que possa conectar perfeitamente a fonte dos transistores à terra. Assim, a estrutura diferencial é amplamente utilizada para fornecer um terra virtual. O transformador é amplamente utilizado no projeto de PA CMOS porque pode realizar a função de combinação de potência e transformação de impedância ao mesmo tempo. Além disso, transforma o sinal diferencial em sinal de terminação única necessário para a saída.

Neste capítulo, as principais questões de conceção do PA Bulk CMOS podem ser classificadas nas seguintes partes. Na secção 2.2, é discutida a determinação do tamanho do transístor e na secção 2.3, é ilustrada a otimização dos parâmetros da célula de potência.

2.2 Determinação do tamanho do transístor

Encontrar uma dimensão óptima para o transístor é um dos primeiros e mais importantes passos na conceção de um PA CMOS. O tamanho do transístor deve ser suficientemente grande para reduzir a resistência de estado r_{on} , que é inversamente proporcional ao tamanho do dispositivo de comutação. No entanto, o aumento do tamanho de um transístor também aumenta a capacitância da porta de entrada, sobrecarregando assim a fase de condução com um efeito de carga e degradando a eficiência da adição de potência. Por conseguinte, a otimização do tamanho é crucial para um funcionamento estável com elevada potência e elevada eficiência.

A potência de saída do transístor é determinada pela capacidade de oscilação da tensão de drenagem. A oscilação máxima da tensão de drenagem para um único transístor é limitada principalmente

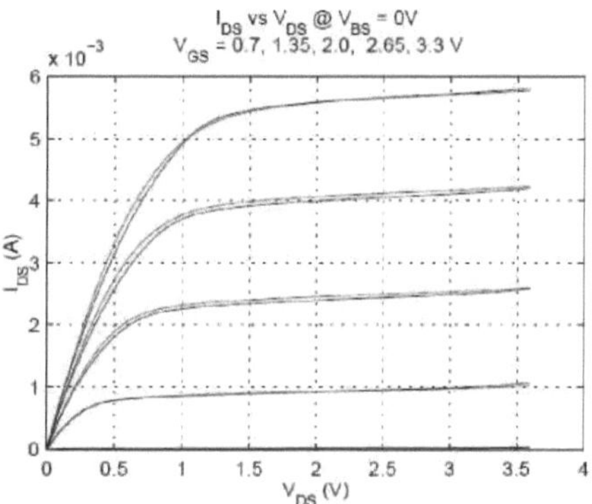

Figura 2.1 Caraterísticas DC típicas (25C). Tamanho do dispositivo: *W = 10^m, L = 0.4p.m,* Número de dedos = 1, Multiplicidade inteira = 1.

por dois fenómenos físicos diferentes: a rutura do óxido e o efeito de portador quente [3]. A rutura do óxido é um efeito destrutivo, enquanto a portadora quente é um problema de fiabilidade. Para que o transístor funcione de forma segura e fiável, a tensão máxima dreno-fonte (DC + RF) não deve exceder a tensão de alimentação máxima recomendada para o transístor + cerca de 10% da mesma [4]. Para um processo CMOS de 180 *nm*, a tensão de alimentação máxima recomendada para um transístor de fonte comum é de 3,3 *V*, o que conduz a uma tensão máxima dreno-fonte de aproximadamente 3,6 *V*, como se mostra na Fig. 2.1.

Por exemplo, é considerado um PA que pode produzir uma potência de saída de 28 dBm. Sabe-se que os parasitas e outros comportamentos não ideais reduzem a potência de saída final. Assim, o PA é inicialmente projetado para uma potência de saída de 30 dBm. Isto dá uma margem razoável para permitir a redução da potência de saída devido à adição de parasitas e perdas no transformador.

Por conseguinte, de acordo com a curva DC-IV apresentada na Fig. 2.1, é possível encontrar a tensão de joelho. A corrente máxima do transístor é então descrita por (2.1):

$$
\begin{aligned}
Imax_{sat} &= \frac{4 * Pout_{sat}}{Vdd - Vknee_{sat}} \\
&= \frac{4 * 1}{3.3 - 1.1} \\
&= 1.82A
\end{aligned}
\qquad (2.1)
$$

Depois de obter a corrente máxima e encontrar a corrente de saturação por *pA/p.m* em

Fig. 2.1 , a dimensão do transístor pode ser determinada utilizando (2.2):

$$
\begin{aligned}
Width_{total} &= \frac{1.82(A)}{560(\mu A)} \\
&= 3.25mm
\end{aligned}
\qquad (2.2)
$$

2.3 Conceção da célula de potência

As células de potência são preferidas no projeto de PA de potência CMOS devido às suas capacidades de condução de corrente mais elevadas. É muito importante conceber uma célula de potência com um PAE elevado, um ganho de potência elevado, uma boa linearidade e fiabilidade. No entanto, estes desempenhos são influenciados por efeitos não ideais, incluindo efeitos térmicos associados ao acoplamento térmico entre subcélulas, e dependem da geometria das células de potência projectadas [5]. Para uma ilustração conveniente, a definição dos parâmetros é apresentada na Tabela 2.1.

Tabela 2.1 Definição dos parâmetros da célula de potência

Number of the parameters	Description
L	Gate length
W	Gate width of single transistor
W_{total}	Total gate width
NF	Number of fingers
M	Total number of transistors

Neste trabalho, discutimos principalmente o layout, a modelação e a otimização dos parâmetros da célula de potência em massa, respetivamente.

2.3.1 A disposição básica do transístor

A disposição básica do transístor é ilustrada na Fig. 2.2. A difusão da fonte e a difusão do dreno devem ser preenchidas com o número máximo de contactos para reduzir a resistência da ligação do metal à difusão e para maximizar a quantidade de corrente que pode fluir através dos contactos.

O desempenho dos transístores varia com o seu L e W. A corrente de dreno (I_D) que flui através do transístor a funcionar no modo de saturação é mostrada no seguinte (2.3).

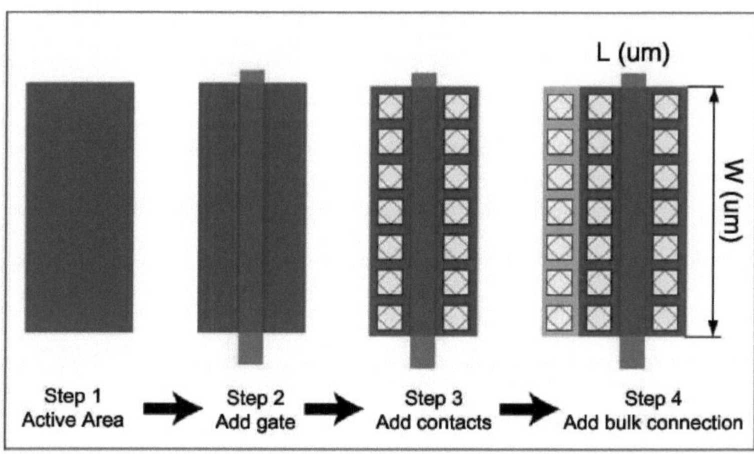

Figura 2.2 Disposição básica dos transístores.

$$I_D = K * (\frac{W}{L}) * (V_{GS} - V_t)^2 * (1 + \lambda V_{DS}) \quad (2.3)$$

em que *K* e *A* podem ser tomados como constantes tecnológicas do processo. O I_D é proporcional ao rácio de *W* sobre *L*. Normalmente, *L* é mantido à dimensão mínima permitida na regra de conceção e deve ser disposto exatamente como indicado no esquema. No entanto, este nem sempre é o caso para *W*. Discutiremos como selecionar *W* mais tarde.

2.3.2 Disposição compacta de transístores

A disposição básica dos transístores tem uma relação de aspeto bastante estranha. Juntar transístores com uma relação de aspeto fixa não resultará numa disposição compacta. Felizmente,

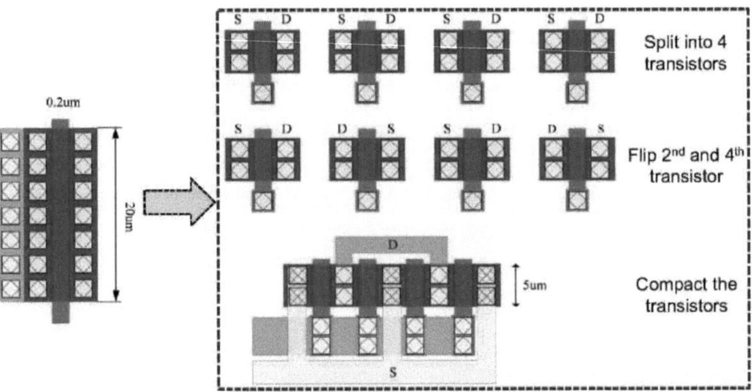

Figura 2.3 Exemplo de disposição compacta do transístor.

a razão de aspeto do transistor pode ser modificada usando a equação da corrente do transistor mostrada em (2.3). Por exemplo, o transístor (*NF* = 1) com um *W* de 20 *ɥm* e um *L* de 0,2 *ɥm* é semelhante a ter quatro transístores (igual a *NF* = 4) ligados em paralelo, cada um com um *W* de 5 *ɥm* e um *L* de 0,2 *ɥm*, como mostrado na Fig. 2.3. Os transístores dobrados têm uma resistência de porta menor que fará com que os transístores liguem e desliguem mais rapidamente.

2.3.3 Otimização dos parâmetros da célula de potência

Depois de obter o modelo compacto de transístor, a célula de potência pode ser realizada combinando muitos transístores, porque a linha de porta tem muitas perdas e o sinal é atenuado quando viaja nela [6], como mostrado na Fig. 2.4. *W* deve ser encurtado e fazer mais transístores em paralelo para reduzir a resistência da porta teoricamente, mas no caso real, fazer mais transístores em paralelo significa aumentar a perda das linhas de alimentação, assim a seleção de *W*, *NF*, *M* deve ser muito cuidadosa e tudo será feito com base nas experiências neste trabalho.

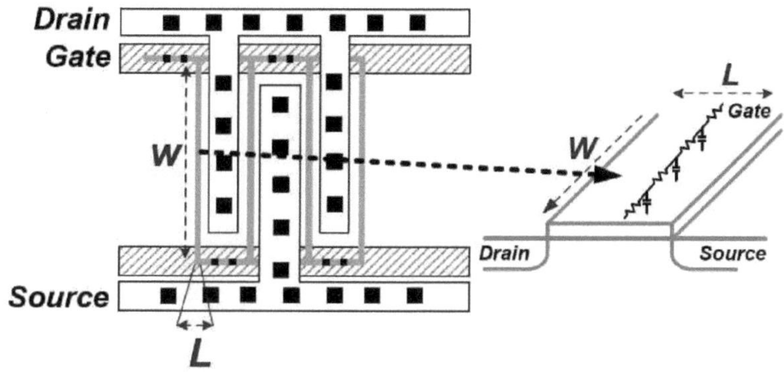

Figura 2.4 A linha de porta com perdas.

O objetivo da comparação é encontrar o peso ótimo de *W*, *NF* e *M*, partindo do princípio de que *L* é selecionado com 0,18 *p.m.* Para ultrapassar o problema da tensão, a estrutura em cascata é normalmente utilizada no projeto de PA CMOS a granel. Assim, quando se escolhem as dimensões adequadas dos transístores, deve também considerar-se a relação entre as dimensões dos transístores de porta comum (CG) e de fonte comum (CS) numa estrutura em cascode. Esta questão será discutida depois de se encontrarem os valores óptimos *de W*, *NF* e *M.*

***W* variável com o *W* fixo$_{total}$**

Normalmente, para obter um maior ganho da célula de potência, o *W* deve ser mais largo.

Porque g_m tende a aumentar com o aumento de *W*, como se mostra em (2.4).

$$g_m = \mu_n C_{ox} \frac{W}{L} (V_{GS} - V_{TH}) \qquad (2.4)$$

Mas isso não significa que quanto maior for *W*, melhor será o desempenho. Para além da perda de linha de porta mencionada anteriormente, f_{max} é outro parâmetro importante que deve ser considerado. Deve ser pelo menos superior a 10 vezes a frequência de funcionamento de 1,75 GHz. Assim, se a largura do dedo aumentar, f_{max} diminuirá como descrito em (2.52.7), não sendo possível projetar um PA RF. E, à medida que a largura dos dedos aumenta, o número de dedos diminui, fazendo com que o fluxo de corrente seja mais pesado para cada dreno e fonte de dedos. Foi feita uma simulação para encontrar o valor ótimo de *W*.

$$\begin{cases} f_{max} = \sqrt{\dfrac{f_T}{8\pi r_g C_{gd}}} & (2.5) \\ f_T = \dfrac{g_m}{2\pi(C_{gs} + C_{gd})} & (2.6) \\ r_g = \dfrac{1}{12}\rho_s \dfrac{W}{L} & (2.7) \end{cases}$$

Para simplificar o cálculo, o W_{total} é fixado em 1920 *ɥm*. Os parâmetros comparados são ilustrados na Tabela 2.2. *W* varia de 8 *ɥm* a 2 *ɥm* com o passo de 2 *ɥm,* e *NF* é variado para manter W_{total} fixo. A resistência em série de entrada R_G varia com o rácio de *W* para permitir que cada um dos transístores NMOS veja a mesma resistência enquanto todos eles têm a mesma correspondência de saída [6].

Tabela 2.2 Variação de *W* com o *W* fixo_{total} *=1920 ɥm*

L μm	*W/NF/M*	Input matching	Output matching
$0.18\mu m$	2/60/16	R_G	Z_{load}
$0.18\mu m$	4/30/16	$2R_G$	Z_{load}
$0.18\mu m$	6/20/16	$3R_G$	Z_{load}
$0.18\mu m$	8/15/16	$4R_G$	Z_{load}

O g_m tem uma variação menor e muito próxima da simulação, conforme descrito na Fig. 2.5(a). Na Fig. 2.5 (b), quando *W* é mais curto, o ganho de potência é muito menor do que a simulação, devido ao grande tamanho do layout e aos efeitos do fio de codificação da fonte; e quando *W* fica mais longo, o ganho de potência fica maior e na operação real, o *W* mais longo tem menos perda do que o mais curto, consistentemente com a análise acima [6]. Portanto, a largura da porta de 8 *ɥm* é selecionada para construir a célula de potência.

NF **variável com o** *W* **fixo**$_{total}$

O efeito de *NF* também é comparado para encontrar o valor ótimo com W_{total} fixado em 1920 *ɥm. NF* varia de 15 a 30 e *M* também varia de acordo com o valor fixo *de* W_{total} . Os parâmetros comparados são ilustrados na Tabela 2.3. O ganho de potência varia menos com *NF*, como mostra a Fig. 2.6. A simulação e a medição têm quase os mesmos resultados, pelo que o efeito térmico não é óbvio, apesar de as dimensões da disposição serem diferentes [6].

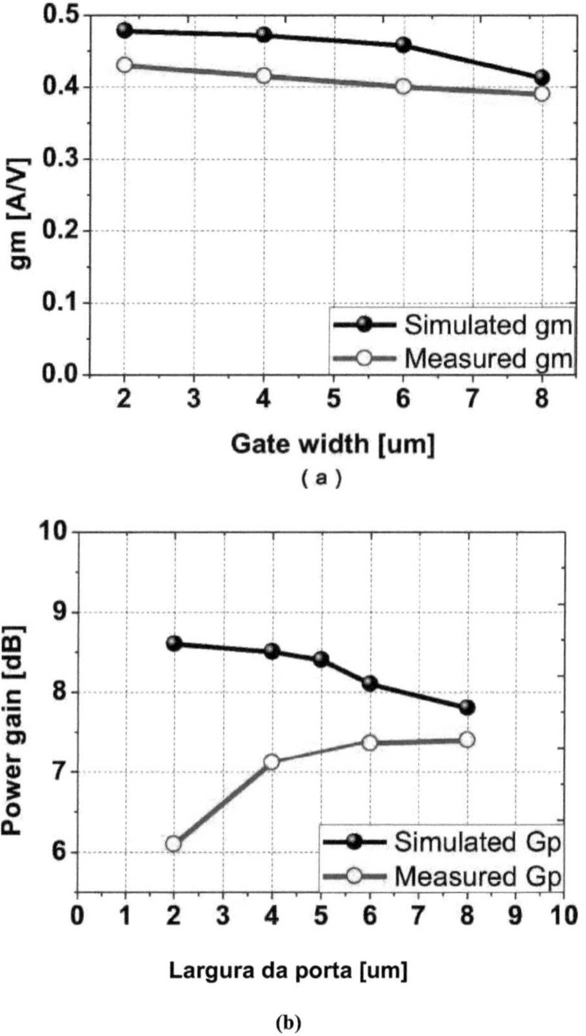

Figura 2.5 (a) A trans-condutância g_m ; (b) A variação do ganho de potência com a largura da porta *W*.

Tabela 2.3 *NF* variado com o *W* fixo$_{total}$ =*1920 ɥm*

$L\ \mu m$	$W/NF/M$
$0.18\mu m$	2/60/16
$0.18\mu m$	4/30/16
$0.18\mu m$	6/20/16
$0.18\mu m$	8/15/16

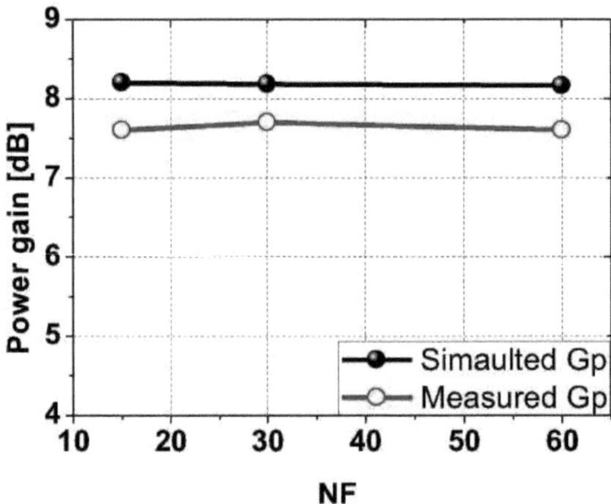

Figura 2.6 Variação do ganho de potência com o número de dedos *NF*.

Redução do efeito C_{gd}

A capacitância de sobreposição porta-dreno C_{gd} é a capacitância de feedback que afectará a estabilidade do dispositivo ativo. Além disso, C_{gd} no MOSFET tem o efeito Miller. Este tem o efeito de aumentar a capacitância de entrada com o ganho, o que leva a uma largura de banda menor.

Existem algumas técnicas para reduzir o efeito do C_{gd} :

1. Sintonize o C_{gd} através de uma indutância paralela na frequência central do amplificador de fonte comum;

2. Compensação da corrente de retorno C_{gd} na porta por uma corrente igual em magnitude e de sentido oposto;

3. Reduzir a área de sobreposição entre a porta e o dreno, ou seja, minimizar tecnologicamente C_{gd}.

Entre estas técnicas, a modificação da disposição para reduzir o efeito C_{gd} é a forma mais simples. Para reduzir o efeito C_{gd}, a linha sobreposta entre a linha de alimentação da porta e a linha de drenagem é eliminada.

2.4 Conclusão

No capítulo 2, são discutidas várias questões importantes de projeto para o PA CMOS. Para o projeto da célula de potência, em primeiro lugar, o tamanho da célula de potência é determinado, em segundo lugar, o layout e os parâmetros da célula de potência são otimizados com base na simulação e experimentos. Para o processo CMOS de *0,18-ɥm* em massa, o portão de 0,18 *um (L)* é selecionado para obter o alto ganho, a largura do portão *W* é ajustada para 8 *um* para alta potência de saída e PAE para aplicação de bandas de baixa frequência (cerca de 1,75 GHz). E o efeito C_{gd} também é reduzido para obter o melhor desempenho.

Bibliografia

[1] H.Lee, C. Park e S. Hong, "Amplificador de potência CMOS altamente linear de 0,*18* ^ m com estrutura n-Well profunda", *IEEE Trans. Microwave Theory Tech.,* vol. 57, no. 4, pp. 752-759, Abr. 2009.

[2] K.H.An, O. Lee, H. Kim, D.H.Lee, J. Han, K.S.Yang, Y.Kim, J.J.Chang, W.Woo, C.H.Lee, H.Kim, e J.Laskar, "A fully-integrated quad-band GSM/GPRS CMOS power amplifier," *IEEE J. Solid-State Circuits,* vol. 43, no. 5, pp. 1064-1075, May. 2008.

[3] T.Sowlati, e D.M.W.Leenaerts, "A 2.4-GHz 0.*18-um* CMOS selfbiased cascode power amplifier," *IEEE J. Solid-State Circuits,* vol. 38, no. 8, pp. 13181324, Agu. 2003.

[4] H.Portela, V.Subramanian, e G.Boeck, "Fully integrated high efficiency K- band PA in 0.18 *p.m* CMOS technology," *in IEEE Microwave and Optoelectronics Conference (IMOC),* Nov. 2009, pp. 393-396

[5] R.L.Wang, C.H.Liu, Y.K.Su, C.H.Tu, e Y.Z.Juang, "The Layout Geometry Dependence of the Power Cells on Performances and Reliability," *IEEE Microwave and Wireless Components Letters,* Dez. 2010, pp. 687-689

[6] Boshi.Jin "A Research on Highly Linear and Efficient RF CMOS Power Amplifier," *Doctor of Philosophy Doctoral Dissertation,* 2010

Capitolo 3

Projeto de amplificador de potência CMOS Doherty baseado no método de combinação de tensão

3.1 Introdução

O amplificador de potência é o principal componente de consumo de energia nos dispositivos portáteis sem fios. Quando os sinais têm um elevado rácio entre a potência de pico e a potência média, o PA deve funcionar num ponto de recuo em relação à potência de pico para garantir um funcionamento linear. No entanto, a eficiência da potência adicionada (PAE) no nível de potência baixo é fraca devido à tensão de alimentação fixa e à impedância de carga optimizada no nível de potência máximo. Consequentemente, uma grande parte da energia da bateria é desperdiçada na amplificação de baixa potência. Portanto, melhorar a eficiência de um amplificador de potência na condição de desligamento de potência pode economizar energia e aumentar a vida útil da bateria. A arquitetura Doherty é uma boa escolha para melhorar a eficiência do back-off porque apenas metade da célula de potência funciona na região de baixa potência [1,2].

Recentemente, um número crescente de componentes de RF está a ser integrado utilizando o processo CMOS para satisfazer os requisitos de redução de custos e de dimensões reduzidas nos mercados de consumo sem fios. No entanto, o amplificador de potência CMOS é difícil de projetar devido à baixa tensão de rutura, ao substrato condutor de Si e à falta de ligação à terra.

Aqui, um amplificador de potência Doherty de 1,75 GHz é concebido e implementado num processo CMOS de 0,18 m. Este PA Doherty utiliza um transformador de combinação de tensão para combinar a potência de saída e realizar a modulação de carga, o que é diferente do amplificador Doherty de combinação de corrente convencional. O protótipo tem um PAE de 31,6% a uma potência de saída máxima de 28,6 dBm a partir de uma tensão de alimentação de 3,4 V. O PAE a 6 dB de back-off é ainda elevado, com cerca de 25%. Mostra claramente o aumento da eficiência no ponto de recuo de potência devido à operação Doherty. Este é o primeiro relato do uso de técnicas de combinação de tensão no projeto de PA Doherty CMOS.

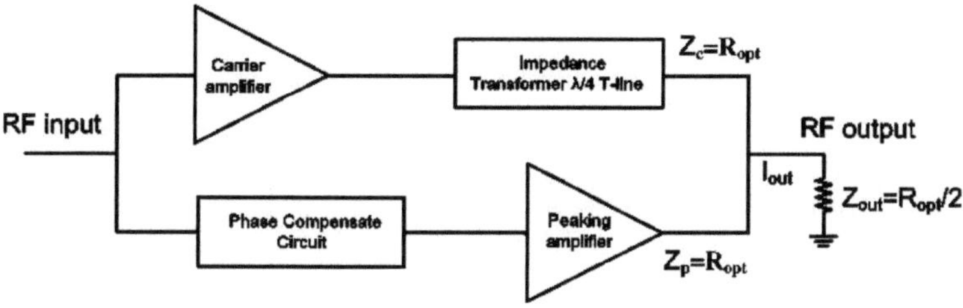

Figura 3.1 Diagrama de blocos de um PA Doherty convencional com combinação de corrente.

3.2 Tecnologia de amplificador de potência Doherty com combinação de tensão

único

A técnica Doherty é baseada na modulação da carga na saída. A carga de saída é modulada pela relação de corrente entre os amplificadores de portadora e de pico [3]. O amplificador portador funciona em classe AB ou classe B e o amplificador de pico funciona em classe C. Para um nível de potência baixo, apenas o amplificador portador é ligado. O amplificador de pico liga-se ao nível de potência de 6dB de recuo em relação à potência de pico. Uma linha de transmissão com um quarto de comprimento de onda (linha *JI/4* T) combina a potência de ambos os amplificadores e realiza a modulação de carga. A estrutura convencional de combinação de corrente coloca a linha *JI/4* T atrás do amplificador portador, como mostrado na Fig. 3.1. Ela actua como um inversor de impedância, o que faz com que a impedância resistiva vista pelo amplificador portador diminua à medida que a corrente do amplificador de pico aumenta.

No projeto do PA CMOS, é utilizado o método de combinação de tensão e o método de combinação de corrente pode causar problemas. Para obter uma potência de saída elevada, a resistência óptima *(*R_{opt}) do amplificador CMOS é pequena e a impedância após a combinação de corrente é R_{opt} /2, o que leva a uma grande perda quando é igualada a 50 Q, limitando assim a largura de banda. Em segundo lugar, o processo CMOS de RF padrão não tem uma via de terra que possa ligar perfeitamente a fonte dos transístores à terra. Por conseguinte, a estrutura diferencial é amplamente utilizada para fornecer uma ligação à terra virtual. Por último, o transformador fornece um circuito de correspondência de baixas perdas num substrato condutor de Si [4]. O transformador de combinação de tensão é uma boa solução para resolver estes problemas. Devido à correspondência de saída de combinação de tensão do amplificador de potência CMOS, é vantajoso projetar um amplificador Doherty baseado no método de combinação de tensão.

A Fig. 3.2 mostra um esquema idealizado do PA Doherty CMOS baseado no transformador. Para simplificar a análise, é utilizado o transformador combinador de tensão ideal. Teoricamente, na potência máxima de saída, os amplificadores de pico e de portadora devem ter as mesmas tensões fundamentais de saída ($V_p = V_c = V$) e correntes ($I_p = I_c = I$) para que os dois amplificadores tenham a mesma impedância de carga ($Z_p = Z_c = R_{opt}$) e gerem a mesma potência. Nesta estrutura, as tensões CA nos loops secundários são adicionadas, enquanto os loops primários são acionados pelas tensões dos amplificadores de pico e de portadora. No entanto, a corrente dos loops secundários é idêntica à dos loops primários ($I_{out} = I$) porque o transformador é assumido como ideal. O Z_{out} pode então ser calculado como:

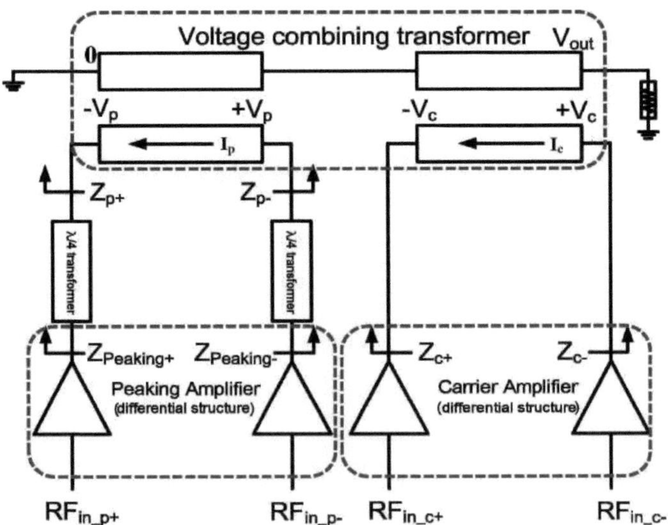

Figura 3.2 Diagrama de blocos de um PA Doherty com combinação de tensão ideal.

$$
\begin{aligned}
Z_{out} &= \frac{V_{carrier}}{I_{carrier}} \\
&= \frac{[(+V_p) - (-V_p)] + [(+V_c) - (-V_c)]}{I} \\
&= \frac{V_p}{I} + \frac{V_p}{I} + \frac{V_c}{I} + \frac{V_c}{I} \\
&= \frac{4V}{I} = 4R_{opt} \qquad (3.1)
\end{aligned}
$$

Por conseguinte, a impedância de saída do transformador combinador de tensão Z_{out} é fixada em quatro vezes a R_{opt} da célula de potência, que é combinada em série de quatro formas, tal como expresso em (3.1). Esta combinação em série é a principal diferença em relação à combinação de corrente em paralelo. Em comparação com a combinação de corrente, a combinação de tensão tem uma relação de transformação de impedância menor quando combinada com 50 Й e uma largura de banda mais ampla.

A um nível de potência baixo ($0 < V_{in} < 0,5Vi_{nmax}$), o amplificador de pico é desligado e vê impedância infinita:

$$Z_{peaking+} = Z_{peaking-} = \infty \qquad (3.2)$$

A linha T *Л/4* que é colocada após o amplificador de pico tem uma impedância caraterística de $Ropt$. Funciona como um inversor de impedância. Consequentemente, as impedâncias vistas na entrada dos transformadores são:

$$Z_{p+} = Z_{p-} = 0 \qquad (3.3)$$

Por conseguinte, o amplificador da portadora vê a impedância de carga de:

$$Z_{c+} = Z_{c-} = \frac{4R_{opt} - 2 \times 0}{2} = 2 \times R_{opt} \qquad (3.4)$$

Assim, o amplificador portador vê o dobro da impedância maior da resistência óptima *(*R_{opt}). Esta impedância elevada leva à saturação prematura do amplificador portador, enquanto a corrente I_c é apenas metade do seu valor máximo.

Em um alto nível de potência $(0.5Vin, max < Vin < Vin, max)$, o amplificador portador atinge seu balanço de saída máximo e o amplificador de pico liga a corrente geradora I_p . O aumento de I_p diminui a impedância efetiva de $Z_{peaking}$ e $Z_{peaking-}$ de ∞. Devido à linha T $\lambda/4$, Z_p+ e Z_{p-} aumentam de 0 para R_{opt} e Z_c+ e Z_c diminuem de $2R_{opt}$ para R_{opt} permitindo que o amplificador portador forneça mais corrente e mantenha a oscilação da tensão de saída no seu valor de pico.

No pico de potência ($V_{in} = V_{in,max}$), Z_p+ e Z_{p-} mudam de 0 para R_{opt} e isso resulta em Z_c+ e Z_{c-} diminuindo de $2R_{opt}$ para R_{opt} . Ambos os amplificadores podem trabalhar com a eficiência de pico e atingir o segundo pico na eficiência global. As curvas de variação de impedância são mostradas na Fig. 3.3, que é a modulação de carga ideal para a operação Doherty.

3.2 Conceção e implementação

Com base no conceito básico da técnica de combinação de tensão, foi projetado um amplificador CMOS Doherty. A topologia do circuito é mostrada na Fig. 3.4. Os capacitores acoplados ao transformador sintonizam a impedância de saída para uma correspondência de 50 И. Para reduzir o tamanho do chip e facilitar a alta integração, são utilizadas redes *pi* de elementos fixos em vez de λ /4 linhas T. *Os* 2nd curtos-circuitos harmónicos são ligados à saída de cada via para melhorar a linearidade.

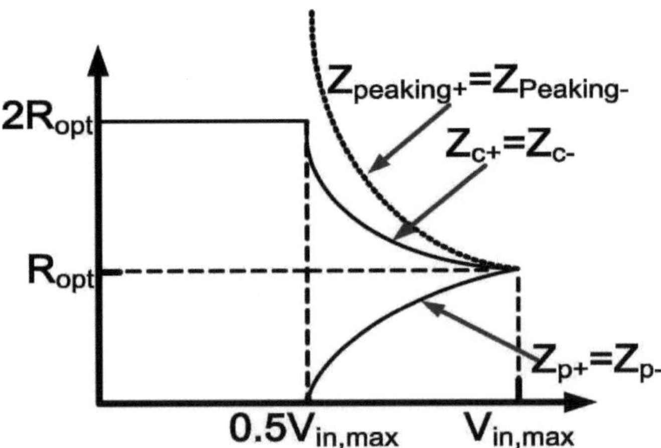

Figura 3.3 Variação da impedância de carga de um PA Doherty ideal com combinação de tensão.

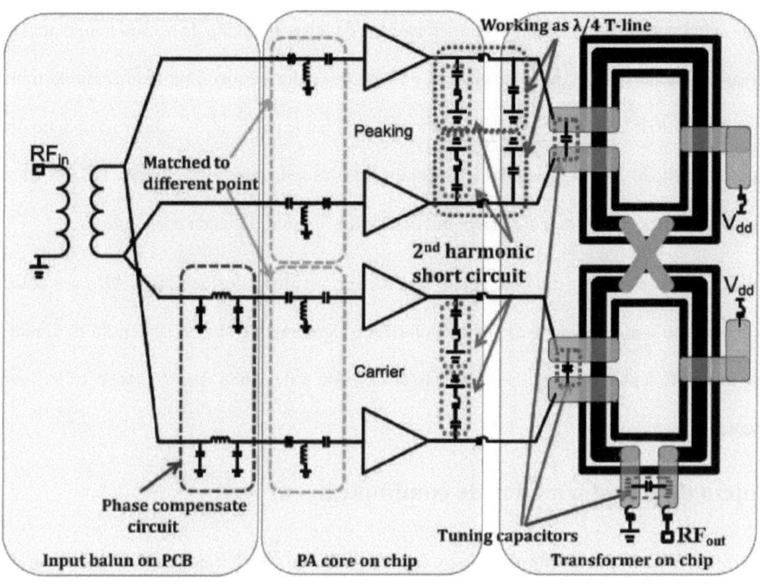

Figura 3.4 Esquema do PA Doherty CMOS proposto.

3.3.1 Amplificadores de portadora e de pico

As principais limitações da utilização de dispositivos de óxido fino no projeto de PA são a possibilidade de rutura do óxido e os efeitos de portador quente. Para evitar estes problemas, cada amplificador é implementado como transístores em cascode. Neste projeto, a tensão de alimentação é escolhida como 3,4 V enquanto a porta comum do transístor em cascode é polarizada com 2 V para garantir a fiabilidade.

O tamanho dos transístores CG afecta a potência de saída em termos do efeito na impedância de carga [5]. Quando o tamanho do transístor CG se torna menor do que o do transístor CS, a impedância de carga óptima aumenta e a capacidade de potência de saída é reduzida. Além disso, o incremento de r_{on} degrada a eficiência do estágio de potência. Por outro lado, quando a impedância óptima para o emparelhamento se torna mais pequena, o valor de r_{on} da fase de potência diminui e um I_{DS} maior pode ser escoado aumentando a relação CG/CS. Assim, é possível atingir um nível mais elevado de potência de saída. Por conseguinte, o tamanho do transístor CG determina a impedância de carga óptima para a correspondência de saída e um aumento da relação CG/CS aumenta a potência de saída para o transístor CS fixo. No entanto, o aumento do tamanho do transístor CG provoca um maior valor de CD. Também produz caraterísticas de largura de banda estreita do casamento de saída porque a indutância do transformador deve ser reduzida de acordo com o aumento de C_{DS} para combinar a rede de saída. Um valor grande *de* C_{DS} e um valor pequeno de indutância do transformador produzem uma largura de banda estreita. Para evitar esse problema, precisamos reduzir o tamanho do transistor CG para que o valor de C_{DS} seja diminuído. Finalmente, escolhemos uma relação CG/CS de 1,5:1 para fornecer uma maior capacidade de potência com eficiência e largura de banda adequadas.

O amplificador de portadora foi concebido para ser um amplificador de classe AB para obter uma boa linearidade, enquanto o amplificador de pico é polarizado ligeiramente abaixo da tensão de limiar para uma operação de classe C lenta. *O* W_{total} /L do transístor cascode é de 2,688 *mm/0,4 ųm* e 1,792 *mm/0*,18 *uni.* respetivamente.

3.3.2 Projeto de transformador de combinação em série

O transformador de combinação de tensão desempenha um papel fundamental neste projeto. Ele não apenas combina a potência de saída de ambos os amplificadores, mas também realiza o casamento da impedância de saída. Mais importante ainda, ele funciona com a linha *Jl/4* T como um inversor e reduz a impedância de carga do amplificador portador quando a potência de entrada aumenta. O transformador utilizado neste trabalho é mostrado na Fig. 3.5. Ele tem uma forma de "figura 8" composta por dois loops e os loops são torcidos para ter um fluxo de corrente oposto, imune à oscilação de modo comum [6-8]. O laço secundário é colocado entre os laços primários duplos para aumentar o fator de acoplamento *k* e reduzir a indutância primária. Ambos os laços utilizam a camada superior (cobre metálico de 4,0 *uim* de espessura) e os laços secundários duplos são ligados às camadas inferiores. As caraterísticas do transformador a 1,75 GHz estão listadas na Tabela 3.1. O padrão de teste do transformador é mostrado na Fig. 3.6. Para medir o transformador de três portas usando um analisador de rede de duas portas, os mesmos dois transformadores são dispostos em configuração back-to-back. As portas diferenciais de um transformador estão diretamente ligadas às portas diferenciais dos outros transformadores. A perda de inserção de um único transformador é metade da perda total em unidade dB. A perda de inserção de um único transformador é de 1,23 dB (eficiência de 76%) a 1,75 GHz.

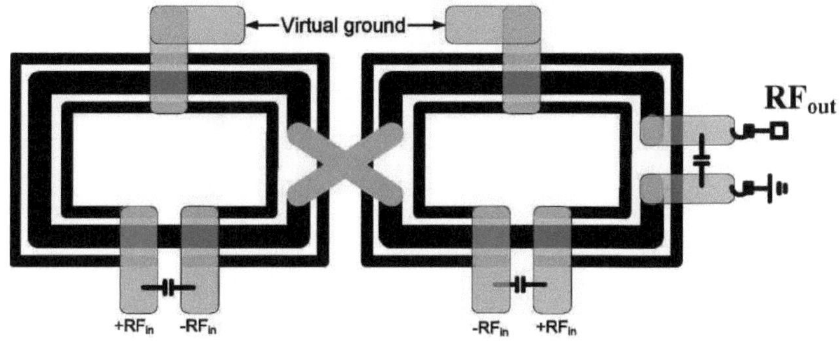

Figura 3.5 Transformador em forma de 8.

Tabela 3.1 Parâmetros parasitas simulados do transformador Figura-8 a 1,75GHz

Parasitic Parameters	Values
Primary inductance La	0.66 nH
Secondary inductance Lb	3.4 nH
Primary resistance R1	0.6 Ω
Secondary inductance R2	5.6 Ω
Primary quality factor	12.04
Secondary quality factor	6.67
Coupling factor	0.73
Turn ratio	12.27

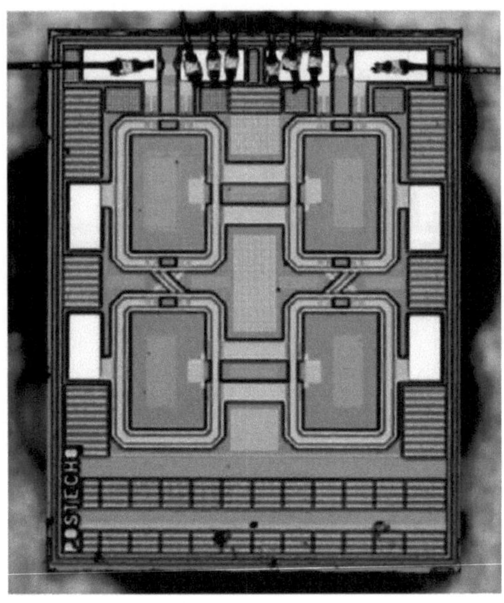

Figura 3.6 Padrão de ensaio do transformador.

3.3.3 Entrada acionada de forma desigual

Para além do design do transformador de saída, o rácio de divisão da potência de entrada é muito importante para o funcionamento correto do Doherty [9]. Devido às diferentes condições de polarização dos dois amplificadores, o ganho do amplificador de pico é menor do que o do amplificador de portadora. Por esta razão, é adotado um acionamento desigual para melhorar a potência de saída e pode ser realizado através da correspondência da impedância fundamental de entrada do amplificador portador e do amplificador de pico em pontos diferentes, como se mostra em 3.7.

Num funcionamento a baixa potência, a impedância de entrada fundamental do amplificador de pico é altamente incompatível e o amplificador portador é ligeiramente incompatível. Assim, é conduzida mais potência de entrada para o amplificador portador, melhorando o ganho e evitando que o amplificador de pico se ligue precocemente. A um nível de potência elevado, a impedância de entrada fundamental do amplificador portador permanece quase constante com a variação da potência de entrada, enquanto a do amplificador de pico se altera significativamente devido à polarização de classe C. Por conseguinte, a impedância de entrada fundamental do amplificador portador ainda está ligeiramente desajustada e a do amplificador de pico está ajustada à impedância da porta na condição de potência de saída máxima. A estrutura diferencial oferece um efeito de cancelamento dos harmónicos de ordem par e *2nd* curto-circuitos harmónicos são ligados à saída, a impedância de entrada de 2nd harmónicos afecta muito ligeiramente a eficiência. A impedância de entrada de 3rd harmónicas da portadora e os amplificadores de pico estão localizados em torno da área aberta, como se mostra na Fig. 3.7. Consequentemente, o amplificador de pico obtém mais potência de entrada, compensando as correntes mais pequenas e o ganho devido à baixa polarização. Os resultados da simulação são mostrados na Fig. 3.8. A potência de entrada da portadora é reduzida em 1,5 dB e é fornecida mais 1,5 dB de potência ao amplificador de pico na potência de saída máxima, concretizando o desnível conduzido para o funcionamento ótimo do PA Doherty. Assim, no ponto de potência máxima de saída, ambos os amplificadores podem ter as mesmas tensões e correntes fundamentais, gerando a mesma potência de saída.

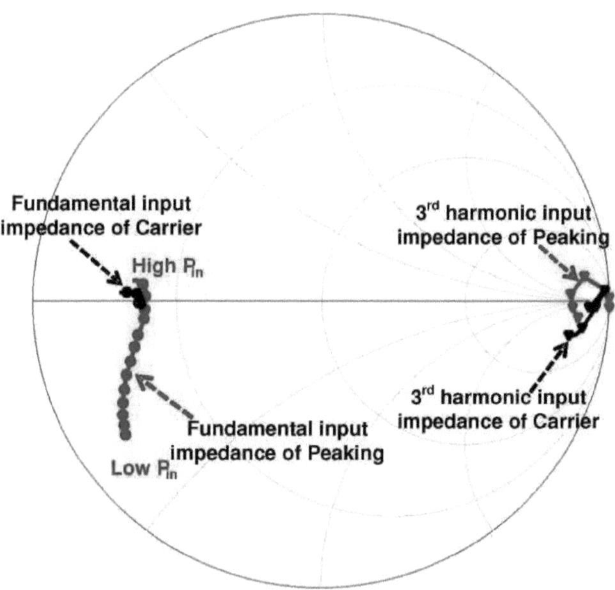

Figura 3.7 Resultados da simulação da impedância de entrada.

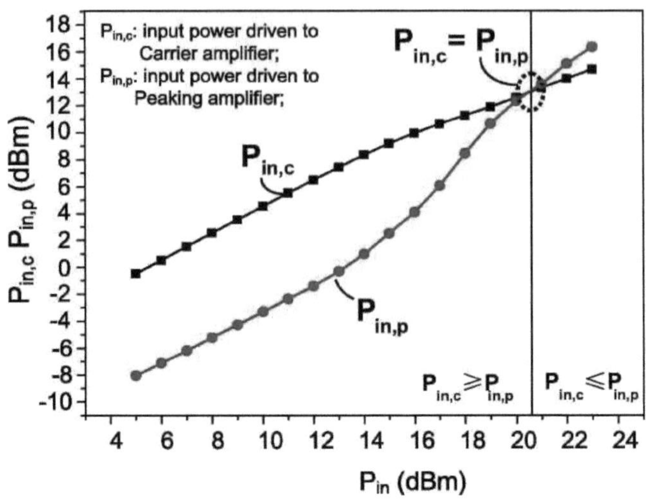

Figura 3.8 Resultados da simulação de acionamento irregular.

3.3.4 Comportamento da modulação de carga

Foi efectuada uma simulação para verificar o comportamento da modulação em carga. A Fig. 3.9 mostra as amplitudes de corrente e tensão dos dispositivos de portadora e de pico ao longo de toda a gama de potência de entrada. O amplificador de pico não consome qualquer corrente numa região de baixa potência até 18 dBm de potência de entrada. A tensão e a corrente estão próximas de 0. Para a região superior de 6 dB, a corrente e a tensão do amplificador de pico aumentam muito rapidamente, enquanto a tensão do amplificador portador se mantém em quase 3,0 V. No ponto de potência máxima, os amplificadores de portadora e de pico atingem as mesmas amplitudes de corrente e tensão.

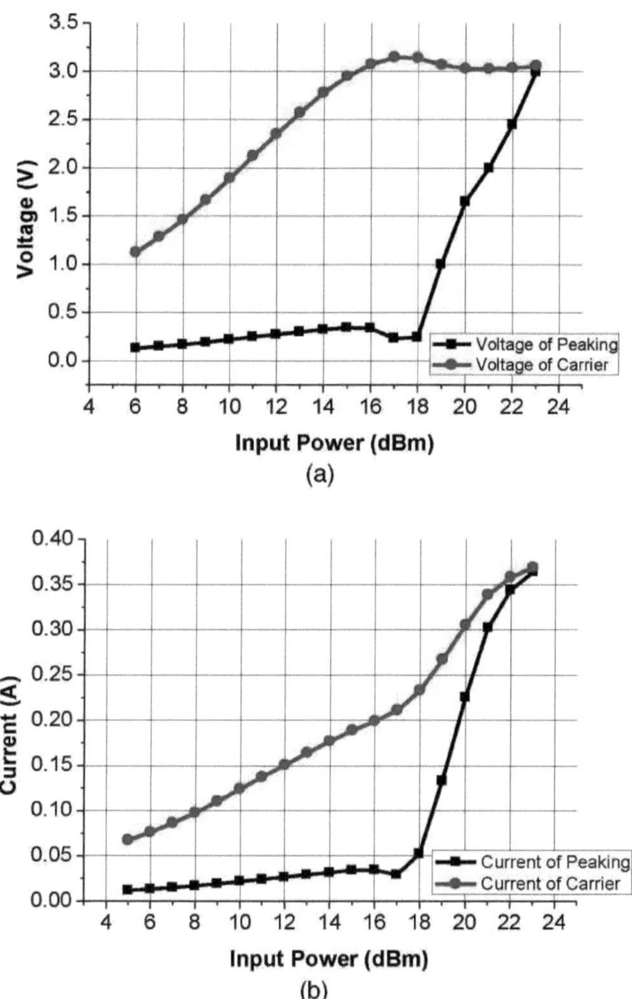

Figura 3.9 Resultados da simulação para variações dependentes da potência de entrada: (a) tensões do dispositivo e (b) correntes do dispositivo.

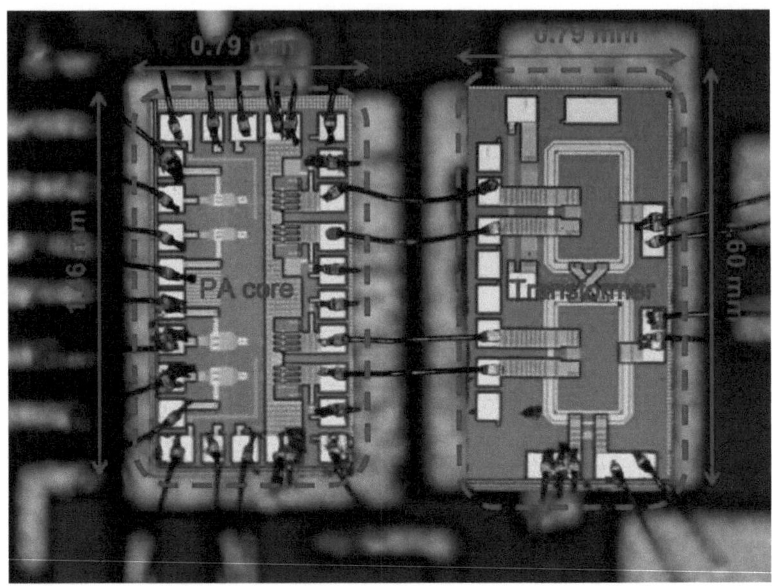

Figura 3.10 Fotografia da pastilha fabricada do amplificador de potência CMOS Doherty.

3.3 Fabrico e medição

O PA Doherty CMOS proposto foi fabricado utilizando um processo CMOS de 0,*18-^m*. A micrografia de um chip é mostrada na Fig. 3.10. O protótipo foi montado numa placa de teste FR-4 de quatro camadas. As almofadas de saída do PA e as almofadas da fonte de alimentação de 3,4 V estão ligadas por fio duplo para minimizar a indutância do fio de ligação. A perda do fio de ligação, o balun de entrada e o transformador de saída estão incluídos nos resultados da medição.

Os resultados do teste para um sinal de um tom de 1,75 GHz são apresentados na Fig. 3.11. O PA atinge uma potência máxima de saída de 28,6 dBm com um PAE de pico de 31,6%. O PAE é mantido acima de 25% numa gama de 6 dB de potência de saída. Este protótipo mostra uma melhoria significativa do PAE no ponto de retorno de potência. O consumo de corrente DC da portadora e dos amplificadores de pico também é mostrado na Fig. 3.11. No ponto de potência máxima de saída, ambos os amplificadores consomem quase a mesma corrente e geram a mesma potência de saída. Este resultado demonstra o sucesso da realização do acionamento desigual. A Fig. 3.12 mostra os IMDs medidos do teste de dois tons.

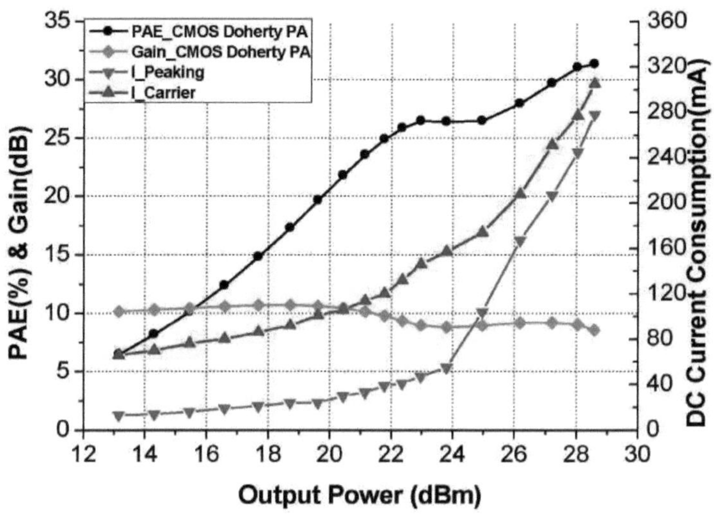

Figura 3.11 PAE medido, ganho de potência e consumos de CC versus potência de saída a 1,75 GHz.

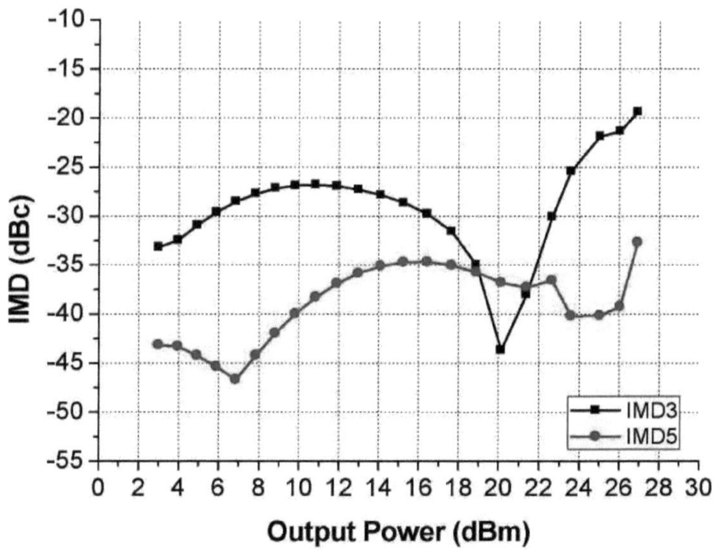

Figura 3.12 Resultados da medição de dois tons a 1,75 GHz com um espaçamento entre tons de 10 MHz.

3.4 Conclusão

Neste capítulo, foi proposto um PA CMOS Doherty usando um método de combinação de tensão. A linha T *JI/4* e o transformador de combinação de tensão trabalham juntos como um inversor de impedância e reduzem a impedância de carga do amplificador portador quando o amplificador de pico é ligado, realizando a caraterística de modulação de carga da operação Doherty. Com a técnica Doherty, o PAE dos amplificadores CMOS Doherty integrados é mantido acima de 25% numa gama de 6 dB de potência de saída. O método proposto de combinação de tensão é uma solução atractiva na conceção do PA Doherty CMOS.

Bibliografia

[1] D. Kang, D. Kim, J. Moon e B. Kim, "Amplificadores de potência HBT Doherty de banda larga para aplicações em telefones celulares", *IEEE Trans. Microwave Theory Tech.,* vol. 58, no. 12, pp. 4031-4039, Dez. 2012.

[2] K. Cho, J. Kim e S.P. Stapleton, "Um amplificador de potência linear de alimentação Doherty altamente eficiente para aplicações de estação base W-CDMA", *IEEE Trans. Microwave Theory Tech.,* vol. 53, no. 1, pp. 292-300, Jan. 2005.

[3] J. Kang, D. Yu, K. Min e B. Kim, "A Ultra-High PAE Doherty Amplifier Based on 0.13-m CMOS Process," *IEEEMicrow. Wireless Compon. Lett.,* vol.

16, n.º 9, pp. 505-507, Set. 2006.

[4] J. Kang, D. Yu, K. Min, e B. Kim, "A highly linear and efficient differential CMOS power amplifier with harmonic control," *IEEE J. Solid-State Circuits*, vol. 41, no. 6, pp. 1314-1322, Jun. 2006.

[5] H.Lee, C.Park e S.Hong, "Um amplificador de potência de RF CMOS Classe-E de quase quatro pares com um transformador de dispositivo passivo integrado", *IEEE J. Solid State Circuits,* vol. 57, no. 4, pp. 752-759, abril. 2009.

[6] B. Jin, J. Moon, C. Zhao e B. Kim, "Um amplificador de potência CMOS de banda larga de 30,8 dBm com flutuação de alimentação minimizada", *IEEE Trans. Microwave Theory Tech,* vol. 60, no. 6, pp. 1658-1666, Jun. 2012.

[7] G. Liu, P Haldi ,T. K. Liu, e A. M.Niknejad, "Amplificador de potência CMOS totalmente integrado com aumento de eficiência no retorno de potência", *IEEE J. Solid-State Circuits*, vol. 43, no. 3, pp. 600-609, Mar. 2008.

[8] P Haldi, D. Debopriyo, P Min, D. Reynaert, G. Liu e A. M. Niknejad, "Um amplificador de potência linear de 5,8 GHz e 1 V utilizando um novo combinador de potência de transformador no chip em CMOS de 90 nm padrão", *IEEE J. Solid-State Circuits,* vol. 43, no.

5, pp. 1054-1064, maio. 2008.

[9] D. Kang, J. Choi, J. Kim e B. Kim, "Design of Doherty power amplifiers for handset applications", *IEEE Trans. Microwave Theory Tech.,* vol. 58, no. 8, pp. 2134-2142, Jun. 2010.

Capítulo 4

Projeto de amplificadores de potência SOI CMOS

4.1 Introdução

A maioria dos amplificadores de potência (PAs) de RF CMOS relatados até à data foram demonstrados utilizando transístores CMOS de baixa tensão de rutura com óxido de porta espesso e comprimentos de porta longos [1-6]. Os circuitos de combinação de potência [1,2] ou as redes de casamento fora do chip [3-5] são usados na saída desses PAs para atingir um desempenho de nível de watt em frequências de RF. A elevada perda de inserção e os parasitas relativamente grandes das redes de emparelhamento de saída ou dos combinadores de potência degradam geralmente o desempenho dos PAs CMOS para caraterísticas de banda estreita e de baixa linearidade, tornando-os inadequados para aplicações multimodo multibanda. No caso do PA implementado com a rede de emparelhamento de banda larga de alta ordem no chip, a potência de saída e a eficiência sofrem com os baixos factores de qualidade dos componentes passivos no chip [7]. Para ultrapassar algumas das limitações acima referidas, especialmente os factores de baixa qualidade dos componentes passivos no chip, é utilizada a tecnologia de silício sobre isolador (SOI). A utilização de um substrato de alta resistividade por baixo da camada de óxido enterrada permite a realização de componentes passivos de alta qualidade na pastilha

Apesar de o custo mais elevado da bolacha continuar a dificultar a aceitação generalizada da SOI, o impacto líquido do custo do substrato num circuito integrado (CI) totalmente embalado é bastante reduzido e pensa-se que continuará a diminuir num futuro próximo, acabando por atingir a paridade com a massa normal. Por outro lado, as tecnologias de semicondutores compostos continuam a oferecer um desempenho de RF inigualável e um tempo de colocação no mercado mais rápido, mas implicam custos de produção ainda mais elevados e uma capacidade de fundição limitada, sendo simultaneamente inadequadas para a integração de funções digitais/analógicas complexas [8]. Assim, o SOI CMOS oferece um compromisso atrativo entre desempenho, custo e capacidade de integração [9,10].

Neste capítulo, apresentamos as considerações de projeto de um PA CMOS Classe F que fornece 31 *dBm* de potência de saída em 1,71-1,785 GHz e 1,86-1,91 GHz. A aplicação alvo é um sistema celular do tipo GSM que utiliza um esquema de modulação de envelope constante, como o Gaussian Minimum Shift Keying (GMSK). Para estes sistemas, a eficiência do PA é um critério de desempenho fundamental, porque os amplificadores de potência dominam normalmente o consumo total de corrente durante as transmissões activas. Ao mesmo tempo, para satisfazer a aplicação EGDE, existem requisitos de desempenho em termos de linearidade e harmónicos...

Este capítulo está organizado da seguinte forma: a tecnologia de silício sobre isolador (SOI) e a tecnologia de embalagem Flip Chip são descritas na secção 4.2 e na secção 4.3 separadamente. Os pormenores da conceção e implementação do circuito são apresentados na secção 4.4. A secção 4.5 apresenta o esquema e os resultados da simulação.

4.2 Tecnologia de silício sobre isolador (SOI)

A tecnologia de silício sobre isolador (SOI) refere-se à utilização de um substrato de silício-isolador-silício em camadas em vez dos substratos de silício convencionais no fabrico de semicondutores, especialmente na microeletrónica, para reduzir a capacitância parasita dos dispositivos, melhorando assim o seu desempenho [11]. Os dispositivos baseados em SOI diferem dos dispositivos convencionais construídos em silício na medida em que a junção de silício se encontra acima de um isolador elétrico, normalmente dióxido de silício ou safira, como se mostra na Fig. 4.1.

Em comparação com um processo CMOS normal em massa, o SOI CMOS apresenta uma velocidade mais elevada e um consumo de energia reduzido, uma vez que as capacitâncias de dreno e de fonte para o corpo dos transístores são substancialmente reduzidas. Além disso, a utilização de um substrato de elevada resistividade por baixo da camada de óxido enterrado (BOX) permite indutores e transformadores integrados de *elevada* qualidade, bem como um excelente isolamento de diafonia. Mais importante ainda, os comutadores SOI podem ser concebidos para suportar tensões fora de estado arbitrariamente elevadas (explorando o empilhamento de transístores), o que é uma caraterística crucial para a implementação de uma rede de correspondência reconfigurável de alta potência. Uma vez que os problemas de rendimento inerentes foram largamente resolvidos pelos fornecedores de substratos, as tecnologias SOI CMOS registaram recentemente um crescimento notável, impulsionado principalmente pelo segmento da eletrónica digital [12].

Bulk CMOS vs SOI CMOS

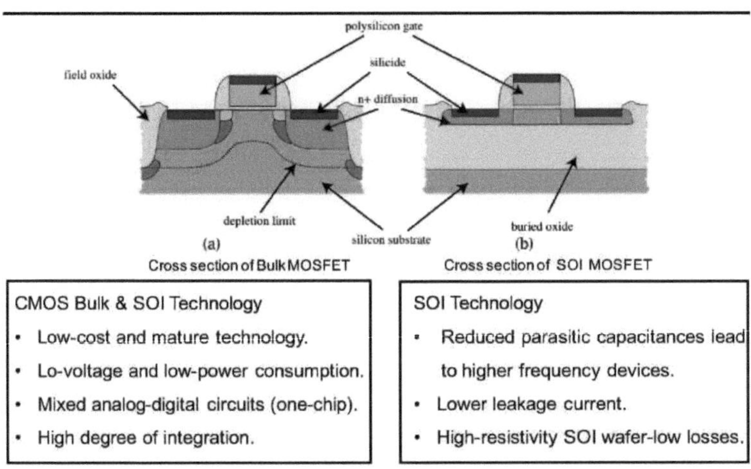

Figura 4.1 Comparação entre Bulk CMOS e SOI CMOS.

4.3 Tecnologia de embalagem de chips flip

O flip chip é um método de interligação de dispositivos semicondutores, tais como pastilhas de circuitos integrados, a circuitos externos através de soldas que foram depositadas nas pastilhas. Os pontos de solda são depositados nas placas de pastilhas na parte superior da bolacha durante a etapa final de processamento da bolacha. Para montar a pastilha em circuitos externos, esta é virada de modo a que a sua face superior fique virada para baixo e alinhada de modo a que as suas pastilhas fiquem alinhadas com as pastilhas correspondentes no circuito externo, sendo depois a solda aplicada para completar a interligação [13].

O processo apresentado na Fig. 4.2 tem as seguintes etapas:

1. os circuitos integrados são criados na bolacha

2. as almofadas são metalizadas na superfície dos chips

3. os pontos de solda são depositados em cada uma das almofadas

4. As batatas fritas são cortadas

5. As fichas são viradas e posicionadas

6) As esferas de solda são depois fundidas de novo (normalmente por refluxo de ar quente)

7. o chip montado é subenchido com um adesivo isolante elétrico

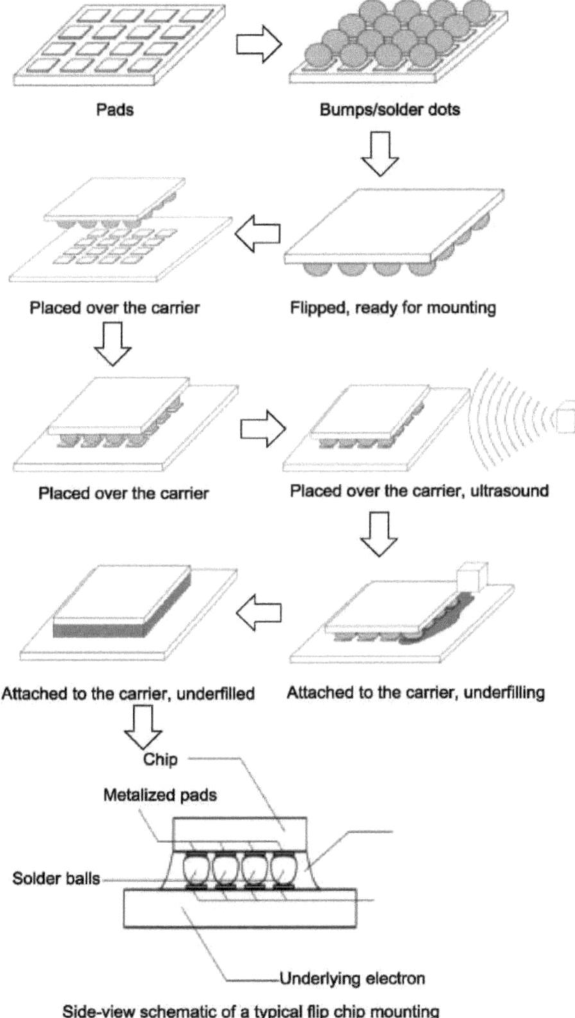

Figura 4.2 O processo de fabrico do SOI CMOS.

O conjunto completo do flip chip resultante é muito mais pequeno do que uma ligação por fios tradicional; o chip assenta diretamente na placa de circuitos e é muito mais pequeno do que a ligação por fios, tanto em área como em altura. Os fios curtos reduzem consideravelmente a indutância, reduzindo as perdas e permitindo sinais a velocidades mais elevadas, e também conduzem melhor o calor. Por conseguinte, neste projeto é utilizada a tecnologia de empacotamento de chips flip.

4.4 Conceção e implementação do circuito

O objetivo deste PA é a aplicação GSM. Assim, a potência de saída do P_{1dB} na porta da antena é necessária em cerca de 31 dBm, incluindo a perda do comutador da antena e a perda do circuito de correspondência de saída. No total, estas perdas são de 2 dB. Por conseguinte, a célula de potência da fase de potência deve produzir uma potência de saída máxima de 35,5 dBm. Isto dá uma margem razoável de 1,0 dB para permitir a redução da potência de saída devido aos parasitas e a outros comportamentos não ideais.

De acordo com o analisado no Capítulo 2.2, a corrente máxima do transístor é calculada por (4.1):

$$\begin{aligned} Imax_{sat} &= \frac{4 * Pout_{sat}}{Vdd - Vknee_{sat}} \\ &= \frac{4 * 3.548}{3.4 - 1.7} \\ &= 8.3A \end{aligned} \qquad (4.1)$$

A corrente de saturação por *pA/p.m* deste processo SOI é de 560 *pA/p.m*. Assim, o tamanho do transístor pode ser determinado utilizando (4.2):

$$\begin{aligned} Width_{total} &= \frac{8.3(A)}{560(\mu A)} \\ &= 15mm \end{aligned} \qquad (4.2)$$

Utilizando a mesma forma descrita no Capítulo 2.3, de acordo com a simulação, a largura da porta *W* é selecionada como 15 *p.m* e *NF* é escolhido como 22. Entretanto, para obter um ganho de potência superior a 27 dB, é utilizada a estrutura de três fases. A relação entre o tamanho do estágio de potência: estágio de driver: estágio de pré-driver é 24: 4: 1. A disposição destas células de potência é mostrada na Fig. 4.3.

O projeto esquemático do PA envolve muitas considerações e compromissos entre custo, facilidade de integração e desempenho. A Fig. 4.4 ilustra o esquema geral do PA CMOS Classe F totalmente integrado. Devido ao facto de o substrato de alta resistividade por baixo da camada de óxido enterrado (BOX) permitir componentes passivos de *alta* qualidade e de a tecnologia de empacotamento de chips flip montar os chips diretamente na placa de circuitos, é possível realizar uma boa ligação entre a fonte dos transístores e a terra. Por conseguinte, é utilizada uma estrutura de terminação única em vez de uma estrutura diferencial. A vantagem de uma topologia de terminação única é que evita a utilização de um balun de entrada e de um transformador de saída, tornando assim o PA mais económico e mais fácil de integrar. Na fase de saída, para cumprir os requisitos em termos de harmónicos *(2nd - 13th* harmónicos devem ser inferiores a -33 dBm), é utilizada a estrutura do circuito de correspondência do filtro passa-banda LC-LC-CL.

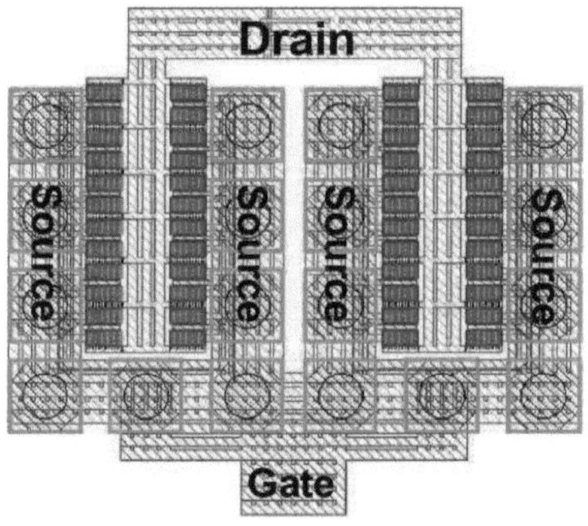

\(a) Célula de potência da fase de potência :15um X 22 X48=15840um

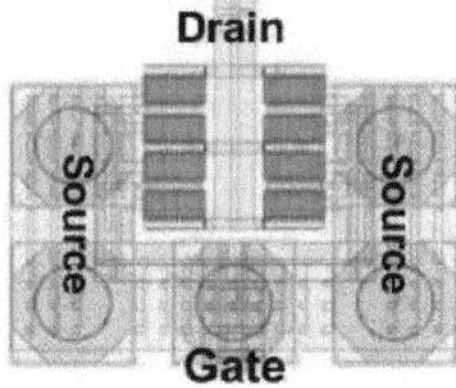

(b) Célula de potência da fase de condução: 15um X 22 X8=2640um

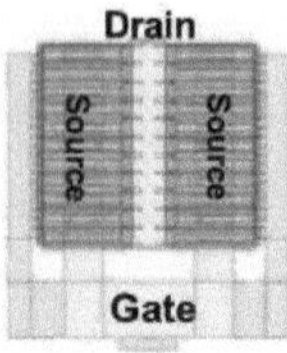

(c) Célula de potência do pré-condutor

fase:15um X 22 X2=660um

Figura 4.3 A disposição de cada célula de potência.

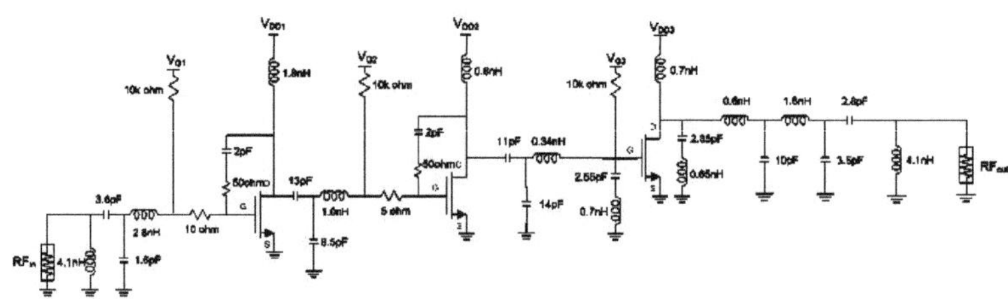

Figura 4.4 Esquema de um amplificador de potência CMOS Classe F de três fases.

4.5 Disposição e resultados da simulação

O layout do PA GSM projetado é mostrado na Fig. 4.5. O tamanho da matriz é de 2400 *ųm x* 850 *ųm*, incluindo as saliências para a embalagem flip chip. O primeiro indutor em série no circuito de correspondência de saída é realizado usando o indutor de linha PCB, conforme mostrado na Fig. 4.5. O bump 1 e o bump 2 da saída RF ligam-se ao bump 5 e ao bump 6. Após a passagem do sinal de RF através do indutor de linha PCB, os ressaltos 7 e 8 ligam-se aos ressaltos 3 e 4. A vantagem de utilizar um indutor de linha PCB é que reduz a perda de correspondência de saída e o tamanho da pastilha em comparação com a utilização de um indutor integrado.

Como este chip precisa de ser integrado com outros chips, a linha V_{dd} não se liga diretamente ao chip. Tem algum comprimento, como se mostra na Fig. 4.6. Estas linhas de alimentação também são projectadas e simuladas. A simulação EM do esquema completo é efectuada incluindo a linha de alimentação da PCB e as vias que ligam a terra da pastilha à terra da PCB.

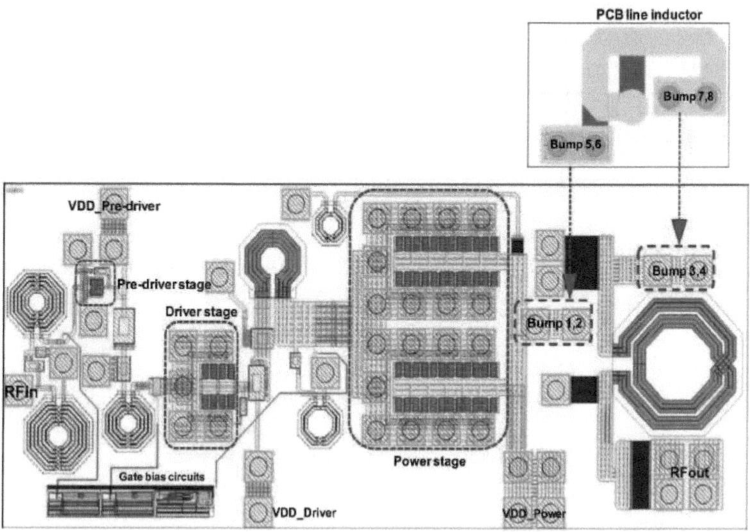

Figura 4.5 Esquema final do amplificador de potência de classe F para aplicação GSM.

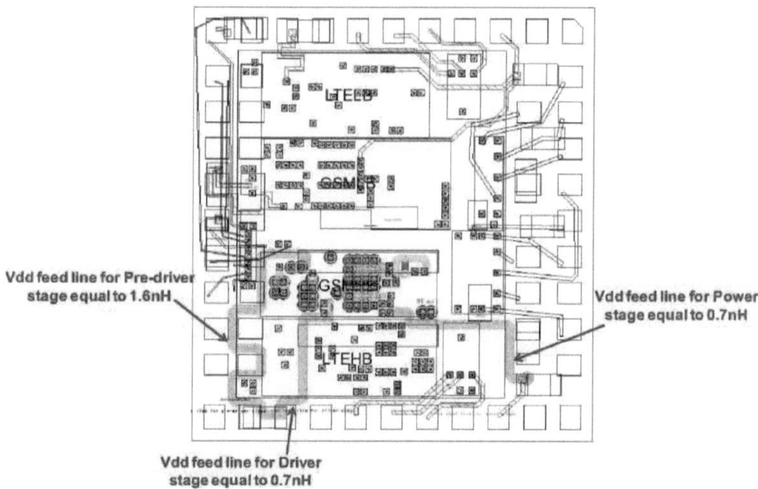

Figura 4.6 Mapa da linha de alimentação Vdd.

Os resultados da simulação são apresentados na Fig. 4.7 e na Fig. 4.8. A partir dos resultados da simulação de um tom, na frequência de funcionamento de 1,71 GHz ~ 1,785 GHz e na frequência de 1,86

GHz ~ 1,91 GHz, o PA funciona com um PAE superior a 38,5% e um ganho superior a 27 dB na potência de saída de 31 dBm, satisfazendo a norma dos requisitos do PA GSM. É efectuada uma simulação de dois tons para medir a linearidade do PA CMOS concebido. O sinal de dois tons a 1,855 GHz e 1,865 GHz é utilizado como entrada RF. A Fig. 4.8(a) mostra os resultados da simulação de IMD3 e IMD5. O ponto -30 dBc do IMD3 corresponde a uma potência de saída de 25 dBm com um PAE de 22%.

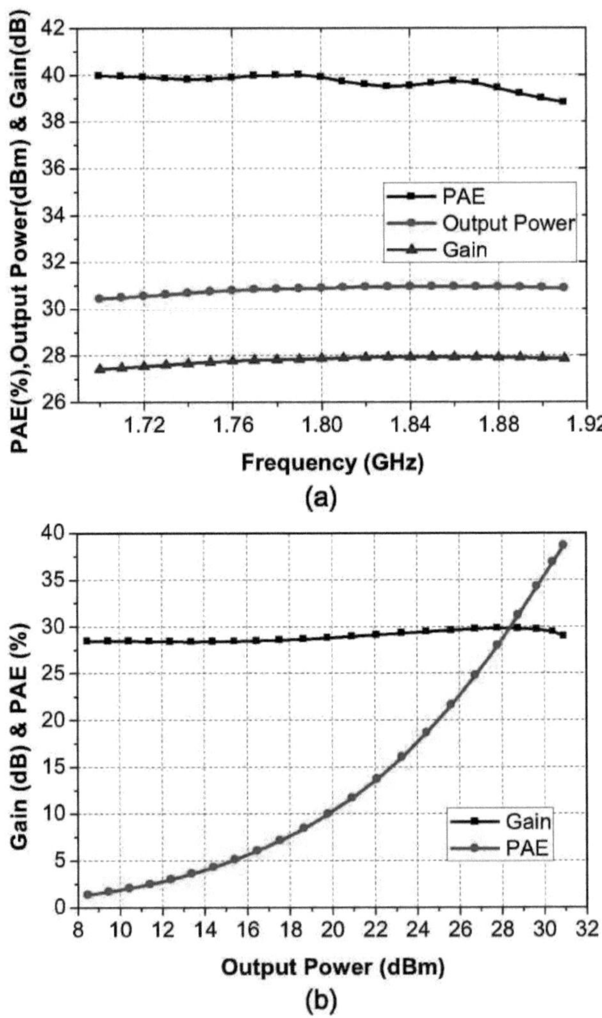

Figura 4.7 Desempenho num tom: (a) Desempenho simulado da largura de banda; (b) PAE simulado, ganho de potência vs potência de saída a 1,86 GHz;

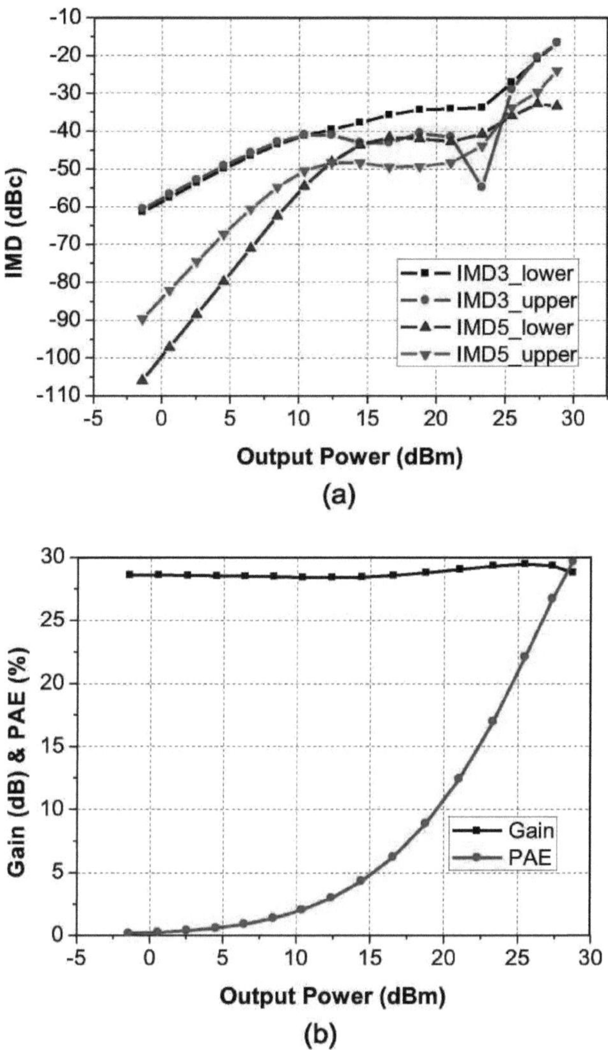

Figura 4.8 Desempenho em dois tons: (a) IMD3 e IMD5 simulados vs potência de saída a 1,86 GHz; (b) PAE simulado, ganho de potência vs potência de saída a 1,86 GHz;

4.4 Conclusão

Neste capítulo, são introduzidas a tecnologia SOI e a tecnologia de embalagem flip chip. Um PA CMOS utilizando uma estrutura de três fases e uma extremidade para aplicação GSM é projetado e implementado utilizando o processo SOI. O PA é alimentado com uma tensão de 3,4 V e todos os componentes de correspondência são totalmente integrados. A eficiência é superior a 38,5% à potência de saída de 31 dBm nas bandas de frequência de funcionamento de 1,71 GHz - 1,785 GHz e 1,86 GHz - 1,91 GHz.

Bibliografia

[1] I.Aoki, S.D.Kee, D.B.Rutledge, e A.Hajimiri, Projeto de amplificador de potência CMOS totalmente integrado utilizando a arquitetura de transformador ativo distribuído," *IEEE J. Solid-State Circuits,* vol. 37, no. 3, pp. 371-383, Mar. 2002.

[2] Y.Tan, H.Xu, M.A.El-tanani, S.Taylor e H.Lakdawala, "Um amplificador de potência classe-AB de 1,8 V e 28 dBm embalado em flipchip com transformadores concêntricos blindados em CMOS de 32 nmSoC", *em IEEE Int. Solid-State Circuits Conf. Tech. Dig.,* pp. 426-428, Fev. 2011.

[3] S.Leuschner, J.Mueller, and H.Klar, A 1.8 GHz wide-band stackedcascode CMOS power amplifier for WCDMA applications in 65 nm standard CMOS," *in IEEE Radio Frequency Integr. Circuits Symp.Dig.,* pp. 1-4, Jun. 2011.

[4] S.Pornpromlikit, J.Jeong, C.D.Presti, A.Scuderi, e P.M.Asbeck,, Um amplificador de potência linear FET empilhado em nível de onda em CMOS de silício-sobre-isolador," *IEEE Trans. Microw. Theory Tech,* vol. 58, no. 1, pp. 57-64, Jan. 2010.

[5] M.Fathi, D.K.Su e B.A.Wooley, Um amplificador de potência empilhado de 6,5 GHz e 29,6 dBm em CMOS padrão de 65 nm", *em Proc. IEEE Custom Integr. Circuits Conf.,* pp. 1-4, Set. 2010.

[6] J.Jeong, S.Pornpromlikit, P.M.Asbeck e D.Kelly, Um amplificador de potência de RF linear de 20 dBm utilizando MOSFETs de silício sobre safira empilhados," *IEEE Microw. Wireless Compon. Lett.,* vol. 16, no. 12, pp. 684-686, Dez. 2006.

[7] J.H.Chen, S.R.Helmi, R.Azadegan, F.Aryanfar e S.Mohammadi, Um amplificador de potência empilhado de banda larga na tecnologia CMOS SOI de 45 nm," *IEEE J. Solid-State Circuits,* vol. 48, n.º 11, pp. 2775-2784, Nov. 2013.

[8] K.Nellis e PJ.Zampardi, "A comparison of linear handset power amplifiers in different bipolar

technologies", *IEEE J. Solid-State Circuits,* vol. 39, no. 10, pp. 1746-1754, Out. 2004.

[9] F.Gianesello, D.Gloria, S.Boret, O.Bon, P.Touret, C.Pastore, B.Rauber, e C.Raynaud, High resistivity SOI CMOS technology for multi-standard RF frontends," *in Proc. IEEE Int. SOI Conf.,* pp. 77-78, outubro de 2008.

[10] D.D.Kim, J.Kim, C.Cho, J.O.Plouchart, e R.Trzcinski, 65 nm SOI CMOS SoC technology for low-power mmWave and RF Platform," *in Proc. IEEE Silicon Monolithic Integr. Circuits RF Syst. Top. Meeting,* pp. 46-49, Jan. 2008.

[11] G.K.Celler, e S.Cristoloveanu "Frontiers of silicon-on-insulator," *J Appl Phys.,* vol. 93, 4955, Abr. 2003.

[12] F.Carrara, C.D.Presti, F.Pappalardo, and G.Palmisano, A 2.4-GHz 24-dBm SOI CMOS Power Amplifier With Fully Integrated Reconfigurable Output Matching Network," *IEEE Trans. Microw. Theory Tech.,* vol. 57, no. 9, pp. 2122-2130, Sept. 2009.

[13] J.Russell, e R.Cohn "Flip Chip (marca registada)", *publicação Bookvika,* Jan. 2012.

Capítulo 5

Conclusão

Com o progresso da tecnologia de comunicação sem fios, surgiram vários produtos de comunicação sem fios que se tornaram cada vez mais importantes na vida quotidiana. Como principal dispositivo de consumo de energia no telemóvel ou no sistema, a elevada eficiência do PA é essencial para prolongar a vida útil da bateria nos dispositivos sem fios. A norma do sistema de comunicação sem fios passou da norma tradicional GSM para as normas 3G WCDMA, TD-SCDMA, CDMA2000, bem como para a norma LTE 4G e os futuros sistemas 5G. O modo de modulação do sinal também foi alterado de sinais com envelope constante para sinais com envelope variável. Por conseguinte, é necessário um PA multibanda e multimodo com elevada linearidade e elevada eficiência para satisfazer os requisitos de desempenho e de serviço. Recentemente, é necessário que o PA seja integrado com outros blocos RF num único chip para reduzir o custo do pacote e do pós-processo. Por conseguinte, o PA CMOS é estudado intensivamente e reconhecido como uma área de investigação competitiva.

Neste livro, tanto o PA Bulk CMOS como o PA SOI CMOS são estudados e projectados.

No capítulo 2, são discutidas várias questões importantes de conceção do PA CMOS. Para o projeto da célula de potência, em primeiro lugar, o tamanho da célula de potência é determinado, em segundo lugar, o layout e os parâmetros da célula de potência são otimizados com base na simulação e experimentos. Para o processo CMOS de *0,18-ųm* em massa, o portão de 0,18 *ųm (L)* é selecionado para obter o alto ganho, a largura do portão W é ajustada para 8 *ųm* para alta potência de saída e PAE para aplicação de bandas de alta frequência (cerca de 1,75 GHz). E o efeito C_{gd} também é reduzido para obter o melhor desempenho.

No capítulo 3, foi proposto um PA CMOS Doherty usando um método de combinação de tensão. A linha T *Л/4* e o transformador de combinação de tensão trabalham juntos como um inversor de impedância e reduzem a impedância de carga do amplificador portador quando o amplificador de pico é ligado, realizando a caraterística de modulação de carga da operação Doherty. Com a técnica Doherty, o PAE dos amplificadores CMOS Doherty integrados é mantido acima de 25% numa gama de 6 dB de potência de saída. O método proposto de combinação de tensão é uma solução atractiva na conceção do PA Doherty CMOS.

No capítulo 4, são introduzidas a tecnologia SOI e a tecnologia de embalagem flip chip. É concebido e implementado um PA CMOS com uma estrutura de três fases e uma extremidade para aplicações GSM utilizando o processo SOI. O PA é alimentado com uma tensão de 3,4 V e todos os componentes de correspondência são totalmente integrados. A eficiência é superior a 38,5% à potência de saída de 31 dBm nas bandas de frequência de funcionamento de 1,71 GHz - 1,785 GHz e 1,86 GHz - 1,91 GHz.

Resumo

Um estudo sobre o amplificador de potência CMOS para comunicação sem fios

À medida que a moderna tecnologia de comunicação sem fios evolui, os amplificadores de potência (PAs) de RF tornam-se um tema quente, porque são o componente-chave dos sistemas de comunicação móvel sem fios e a qualidade da comunicação depende fortemente do desempenho dos PAs de RF. Os sistemas de comunicação sem fios modernos, como o CDMA2000, o WCDMA, o OFDM, etc., destinam-se a maximizar a velocidade de transmissão de dados num ambiente em rápida evolução. Os sinais modulados destes sistemas requerem uma boa linearidade e eficiência, ao mesmo tempo que os sinais têm um elevado rácio entre o pico e a potência média. Assim, a linearidade e a eficiência são duas das caraterísticas mais importantes dos PAs para aplicações sem fios.

Recentemente, um número crescente de componentes de RF está a ser integrado utilizando o processo CMOS para satisfazer os requisitos de baixo custo e pequenas dimensões nos mercados de consumo sem fios. No entanto, o amplificador de potência CMOS é difícil de projetar devido à baixa tensão de rutura, ao substrato condutor de Si e à falta de ligação à terra. Tudo isto torna a conceção de um PA totalmente integrado extremamente difícil. Este livro centra-se no aumento da eficiência e nas técnicas de linearização para o projeto de amplificadores de potência CMOS.

Em primeiro lugar, são introduzidas as questões e abordagens básicas de conceção de PA CMOS em massa, tais como a otimização dos parâmetros da célula de potência, a disposição da célula de potência, a análise do transformador, etc. Por fim, são apresentadas algumas soluções para células de potência em massa e estruturas de transformadores.

Em segundo lugar, é estudado o método de conceção do PA CMOS Doherty baseado num transformador de combinação em série. Este PA Doherty utiliza um transformador de combinação em série para combinar a tensão de saída e realizar a modulação de carga, o que é diferente dos amplificadores Doherty de combinação de corrente convencionais. O protótipo tem uma eficiência de potência adicionada (PAE) de 35 % a uma potência de saída máxima de 27,55 dBm a partir de uma tensão de alimentação de 3,4 V. A PAE a 6 dB de recuo é ainda elevada, cerca de 30 %. Mostra claramente o aumento da eficiência no ponto de recuo de potência devido ao funcionamento Doherty. Esta é a primeira utilização de técnicas de combinação de tensão no projeto de PA Doherty CMOS.

Por último, descreve-se o processo CMOS Silicon-on-Insulator (SOI) e apresenta-se um modelo de classe F O PA foi concebido para aplicação em banda alta GSM utilizando o processo SOI de 0,*13* ^m. São discutidas as considerações de design, layout e modelagem parasitária para atingir a operação de PA de alta eficiência. Os resultados da simulação mostram uma boa eficiência e linearidade.

Printed by Books on Demand GmbH, Norderstedt / Germany